服装设计必×修×课

旗袍设计、制作与剪裁实例教程

李荒歌 编著

电子工业出版社
Publishing House of Electronics Industry
北京·BEIJING

未经许可，不得以任何方式复制或抄袭本书之部分或全部内容。
版权所有，侵权必究。

图书在版编目（CIP）数据

旗袍设计、制作与剪裁实例教程 / 李荒歌编著 .-- 北京：电子工业出版社，2020.10
（服装设计必修课）
ISBN 978-7-121-39558-1

Ⅰ.①旗… Ⅱ.①李… Ⅲ.①旗袍-服装设计-教材 ②旗袍-服装量裁-教材 Ⅳ.① TS941.717

中国版本图书馆 CIP 数据核字 (2020) 第 173304 号

责任编辑：王薪茜
文字编辑：田　蕾
印　　　刷：北京捷迅佳彩印刷有限公司
装　　　订：北京捷迅佳彩印刷有限公司
出版发行：电子工业出版社
　　　　　北京市海淀区万寿路 173 信箱　邮编：100036
开　　本：787×1092　1/16　印张：15.75　字数：403.2 千字
版　　次：2020 年 10 月第 1 版
印　　次：2023 年 5 月第 3 次印刷
定　　价：89.00 元

凡所购买电子工业出版社图书有缺损问题，请向购买书店调换。若书店售缺，请与本社发行部联系，联系及邮购电话：(010) 88254888 或 88258888。
质量投诉请发邮件至 zlts@phei.com.cn，盗版侵权举报请发邮件至 dbqq@phei.com.cn。
本书咨询联系方式：(010) 88254161~88254167 转 1897。

前 言
PREFACE

说到我为什么写这本书,我想,这是缘分,是与电子工业出版社的缘分,更是与旗袍的缘分。

当电子工业出版社编辑王薪茜女士想和我约稿的时候,我几乎没有思考,就非常痛快地答应了。一来,自我研究旗袍文化开始,发现大部分人对旗袍的认识略微片面,于是,我想把这本书作为媒介,认真给大家分析,让大家了解什么是旗袍;二来,我也想通过这本书对自己的知识体系进行梳理,把自己的所学、所得分享给更多的读者朋友。

我出身艺术世家,从小随父习画,小时候就励心要做一名服装设计师。而长大了在接触了旗袍之后,我更体会到了东方服饰审美的精髓。

这本书不是深奥的学术书籍,也不是专门的仅仅讲解旗袍工艺的教科书。我有意将这本书写成一本非常立体的、从多方面来阐释旗袍文化设计及制作工艺的、更有趣味性的综合入门读物。

本书从旗袍的简史讲起,再讲到旗袍的分类、旗袍有哪些细节元素、如何设计以及怎样制作一件旗袍,更讲到如何挑选适合自己的旗袍以及怎么搭配旗袍,还讲到通过旗袍所体现的中国审美哲学。我已然极尽所能,向读者展示了关于旗袍的各个方面,希望引领读者进入旗袍的世界。

很多人对旗袍有不同的想法,有人觉得旗袍仪式感过强,觉得不够舒适,或觉得自己身材不够好;当然,也有人觉得旗袍非常好看,穿上很显身材、很有风韵。这其中的各种想法和矛盾一直存在,似乎一直在讨论一个问题:旗袍,它到底是个何等的存在……

这个问题,我想,大家都能从这本书中找到答案。过多的内容我在此不赘述,希望大家把这本书带回家,每日闲余看上几页,便是我莫大的欣慰。希望大家喜欢这本书,并且通过这本书,真正地爱上旗袍,打开深入了解旗袍的大门。

最后,非常感谢我的写作助理林芬女士,她在本书写作期间帮助我整理了大量图片和文字资料,是一个非常难得的专业人士。同时还要感谢白艳霞女士,通过她精湛的技艺制作出的一件件做工精良的旗袍,完美地重现了我的设计理念。感谢她们为这本书付出大量时间与心血,正是有了她们的参与、合作,才更好地促成了本书的成型。

PREFACE
目 录

PART 01 关于旗袍

第1章 旗袍的演变过程 / 2
1.1 旗袍的起源 / 2
1.2 旗袍的发展和风靡 / 5
1.3 旗袍的曾经辉煌 / 6
1.4 香港旗袍的流行 / 6
1.5 改良旗袍的兴起 / 7
1.6 对传统旗袍的复兴 / 7
1.7 影视剧中旗袍的重现 / 8

第2章 旗袍的基本样式 / 13
2.1 旗袍开襟样式 / 13
2.2 旗袍领型样式 / 16
2.3 旗袍裙摆样式 / 19
2.4 旗袍袖型样式 / 20

第3章 旗袍的纹饰 / 27
3.1 几何纹饰 / 27
3.2 植物纹饰 / 28
3.3 动物纹饰 / 29
3.4 山水纹饰 / 29
3.5 其他纹饰 / 30

PART 02 旗袍的设计及元素制作

第4章 旗袍设计效果图展示与绘制 / 32
4.1 旗袍设计效果图概述 / 32
4.2 旗袍设计效果图软件绘制表现 / 36
4.3 旗袍设计效果图手绘表现 / 41

第5章 旗袍的量体 / 49
5.1 量体的工具及使用 / 49
5.2 量体的方法 / 49

第 6 章　旗袍的盘扣设计及工艺　/　60
6.1 盘扣的分类　/　60

6.2 盘扣的应用　/　78

6.3 盘扣的制作方法　/　81

第 7 章　旗袍的绲边设计及工艺　/　88
7.1 绲边的分类　/　88

7.2 绲边的制作方法　/　89

PART 03　旗袍的制作与剪裁工艺

第 8 章　古法旗袍的造型细节及设计　/　94
8.1 古法旗袍的剪裁　/　94

8.2 古法旗袍的领型　/　95

8.3 古法旗袍的肩袖　/　97

8.4 古法旗袍的前襟　/　98

8.5 古法旗袍的开衩　/　99

8.6 古法旗袍的里衬　/　100

第 9 章　改良旗袍的造型细节及设计　/　101
9.1 改良旗袍的分片剪裁　/　101

9.2 改良旗袍的领型　/　102

9.3 改良旗袍的肩袖　/　103

9.4 改良旗袍的前襟　/　103

9.5 改良旗袍的开衩　/　104

9.6 改良旗袍的里衬　/　104

第 10 章　旗袍的面料　/　105
10.1 旗袍面料的特点　/　105

10.2 旗袍面料的种类　/　105

第 11 章　古法旗袍的制作流程　/　108
11.1 制作工具　/　108

11.2 "浮生" 旗袍设计与制作　/　111

第 12 章　改良旗袍的制作流程　/　127
12.1 制作工具　/　127

12.2 改良旗袍设计与制作　/　127

PART 04　旗袍的设计及案例解析

第 13 章　定制旗袍设计案例解析　/　142
13.1 定制旗袍设计流程　/　142

13.2 "浮生" 旗袍设计范例　/　142

13.3 水墨款旗袍设计范例　/　153

第 14 章　其他旗袍设计案例解析　/　163
　　14.1 "燕尾蝶"旗袍设计范例　/　163
　　14.2 白茶花款旗袍设计范例　/　169
　　14.3 "初见"旗袍设计范例　/　176
　　14.4 浅唱款旗袍设计范例　/　182
　　14.5 "心弦"旗袍设计范例　/　190
　　14.6 "烟罗"旗袍设计范例　/　197
　　14.7 "芳菲"旗袍设计范例　/　203

PART 05　旗袍穿搭

第 15 章　旗袍应该配什么外套　/　210
　　15.1 旗袍西服搭配　/　210
　　15.2 旗袍风衣搭配　/　211
　　15.3 旗袍大衣搭配　/　212
　　15.4 旗袍羽绒服搭配　/　213
　　15.5 旗袍配皮草　/　214
　　15.6 旗袍配夹克衫　/　215

第 16 章　旗袍应该配什么鞋　/　216
　　16.1 玛丽珍鞋　/　216
　　16.2 经典高跟鞋　/　218
　　16.3 凉鞋　/　219
　　16.4 复古马蹄跟鞋　/　219
　　16.5 船鞋　/　220
　　16.6 小皮鞋　/　221
　　16.7 运动鞋　/　222
　　16.8 靴子　/　222

第 17 章　旗袍应该配什么发型　/　223
　　17.1 女学生短发　/　226
　　17.2 大波浪长发　/　226
　　17.3 中长发　/　227
　　17.4 超短发　/　227

PART 06　旗袍款式的选择

第 18 章　亚洲人独特的线条美学　/　230

第 19 章　根据性格来选择旗袍　/　236
　　19.1 选择旗袍的技巧　/　236
　　19.2 选择旗袍的方法　/　238

PART
01

关于旗袍

第 1 章 旗袍的演变过程

1.1 旗袍的起源

旗袍，是最能体现中国女子气韵的服装，在世界服装史上留下了惊艳的一笔，很有代表性。

现在来看，旗袍源于清旗人妇女所穿的长袍，虽然现在已经变化万千，但是在这里我们只说其发展根源。旗袍字面意思是指旗人之袍，但是经过汉人的融合和发展、西方的审美介入等因素的改进，现在所谓的旗袍，其实只能说是延续了旗袍的叫法，而旗袍本身，则是融合了多方面的审美的产物。

众所周知，世代居住在东北的满族人，因为行动所需，向来以袍服为主要服装。我们可以看到，现在很多游牧民族的人依旧有穿袍服的习惯。满族人的袍服窄身合体，这样会让他们的狩猎行动更方便。很多游牧民族的人由于行动的需求，袍服采用左开襟，而现在我们说的旗袍则大多采用右开襟。想来，也许是生活方式不同，形成的服装款式也不同的缘故。

满族人在入关以后，男女都还保留着穿袍服的传统。不过清朝时期的袍服种类繁多。因为当时的等级制度、礼仪制度非常讲究、严格，所以以袍服分类也很详细。

荒歌旗袍插画

但是在那时候所有的服装中，与我们现代人所说的旗袍最有渊源的就是满族女子日常所穿的长袍。汉族女子是上衣下裙，而满族女子就是以袍为主，但是随着相互学习，慢慢地分界线变得不那么清晰了。

满族人入关之后的生活有了很多的变化，不需要再狩猎了，服装花样形式以及其代表的含义变得比行动和实用更为重要。满族女子所穿着的长袍也有了很多变化，到了清朝末期，这些争奇斗艳的女性袍服，变得较前宽深，线条平直，阔袖，长度及脚面，并且配以繁复的刺绣花纹、镶嵌绲等难度高的工艺，更在各种盘扣、衣襟边饰、裙身刺绣等方面下足功夫，变成了现在我们可以在博物馆看到的精美古董工艺品。

清朝满族女子服装

清朝历经二百多年，满族和汉族的女子在服饰上相互学习和影响，慢慢将各种元素杂糅在一起，到了清末，更有融合的趋势。比如，满人的长袍，变得宽身而袖子大，而汉人的上衣变得越来越长，更像袍子，这是由他们的生活习惯与审美慢慢融合造成的。当然，这为日后民国时期的花样繁多的女子旗袍服饰提供了发展基础。

清朝末年，民众开始可以依据自己的爱好来穿衣打扮，这为女性服装的发展提供了巨大的空间。在这个时期，妇女还是以上衣下裙或者上衣下裤的款式搭配为主。到民国时期，由于很多女子开始读书上学，所以这时候的服装变得更加轻便、实用，并且更加追求修长美感，高领、窄袖，相对雅致、简单。随着女子受教育程度的提升，她们开始参与不同领域的活动，出现了一种"文明新装"。这是一种上衣下裙的服装款式，领子变高，上衣合体，显示腰线，

清朝汉人女子服装

衣摆多为弧形，长度较短，衣袖短至手肘或者露腕，裙摆也不再是长及脚面，而是露出脚踝。这种款式的服装初期多为学生所穿，由于穿着者代表了文明而又现代化的知识分子，所以叫作"文明新装"。由于这种服装造型很好看，显得女子乖巧、文雅、修长又灵活，所以得到了都市妇女们的纷纷效仿，使其流行起来。

文明新装的出现，意味着社会对妇女的约束减少，她们的身体也不用完全封闭在层层叠叠的衣服下，这就为20世纪20年代新式旗袍的出现奠定了社会和文化基础。

到了20世纪20年代，随着社会文化的发展，出现了一种脱胎自满族女子长袍，还糅合了当代流行元素的"旗袍"服装。它有着清朝长袍宽阔、平

文明新装

直的特点，但是和当时的流行服装一样，裙摆上升至小腿，露出脚踝，衣袖到手腕或者手肘，袖子、领子、衣襟等有简单的绲边，这就是我们现代旗袍的雏形。但是这时候的旗袍更接近当时男子所穿的长袍。这种服装实用、方便，并且少了搭配的麻烦，而且省工省料，还显得人更瘦长，所以这种旗袍很快在20世纪20年代后期流行了起来。

20世纪20年代后期，正值美国的黄金年代，好莱坞的电影影响了中国一些人的审美。那个时期，美国的女子流行穿H修身连衣裙，配马蹄高跟鞋，并且盘发。当这些流行元素进入中国后，爱美的女士们就按照国际标准来改良自己的旗袍，这种西方审美也融入此时的新式旗袍中，旗袍变得更加修身；长度也变得更短一点，露出了小腿；镶嵌绲变得更加精致、小巧；盘扣也变得小巧、精致；配以西方流行的盘发、高跟鞋、玻璃丝袜，让旗袍这种脱胎于传统服饰的中国女性服装，变成了中西结合、更具有国际美感、充满魅力的服装。

早期旗袍

在1929年后很长一个时期，旗袍在中国女性生活中非常流行，后来将旗袍定为女性礼服。当时的教育部门也规定长袍为女生的一种校服，可见其在社会上的认可度。

1.2 旗袍的发展和风靡

20世纪30年代，吸收了中国和西方审美的、非常适合亚洲人身材的旗袍很快风靡了起来，成了各个年龄层、各个阶层的女性们最喜欢穿着的日常服装。只是旗袍根据不同人的身份、身材、场合而变换着其款式和面料。通过很多旗袍的老照片和古董产品，以及当时电影明星的旗袍海报，我们可以看到当时的旗袍款式真是五花八门。

但在那时，流行的旗袍还有一定的共同特征。当时西方的服装以修长为主，人们受到西方审美的影响，就开始流行穿窄身、长至脚踝的旗袍，其也被称作扫地旗袍，这种旗袍穿上之后显得人修长、窈窕，走起路来婀娜多姿。然而旗袍变窄了，就得把旗袍两边开衩开得高一点，这样才能方便行动。

流行的变化一般是比较快速的，长的扫地旗袍流行一阵子，就会流行短旗袍，然后再流行回长旗袍。总之，在领高、长度、开衩等方面的变化一直没有停止。但是从整体来看，那个年代的女性还是崇尚修长窄身旗袍。这时的旗袍需要搭配盘发、珠宝、丝袜、高跟鞋、女包，有时候还有外套，这些都是非常时髦、讲究的。

20世纪30年代鼎盛时期的旗袍

这个时期的旗袍更具有女性魅力，中西审美在旗袍上的体现可谓显而易见，旗袍窄身易显出女性的优美身段，这符合西方美学对女性身体的表现方式，而高领和高跟鞋让女性显得更为挺拔和修长。

1.3 旗袍的曾经辉煌

20世纪40年代的旗袍是30年代的旗袍的延续，在这个时期，旗袍依旧是当时女性主要的日常服装。我们可以从古董和老照片中看到，40年代的旗袍变得更加轻便、简洁、短小，显得女性更为俏丽，少了浮华。这时候的旗袍甚至少了精致的盘扣，而多了拉链和小扣子。

20世纪40年代的旗袍

旗袍这种一片剪裁的服装对面料要求还是比较高的，所以面料价格也不便宜。那么，裙子和袖子的长短就直接影响到面料的使用量，如果裙子短一点，袖子也短一点，那么面料也会少用点，人们就会节省下不少钱。由于经济环境的影响，虽然中西合并的审美依旧存在，但是实用和费用也是女士们需要考虑的一个重要方面，这就是在40年代影响旗袍变化的一个很重要的元素。

1.4 香港旗袍的流行

在40年代末期，大量旗袍裁缝迁居到了香港，旗袍在香港发展了起来，即所谓的港工旗袍。五六十年代的旗袍，主要成为中、上阶层女性的普遍服装，和之前流行的旗袍还是有一定区别的，其脱胎于30年代的旗袍，加入了更多的西方元素。

这个时期的香港旗袍，不采用整片剪裁、不收腰线仅靠归拔工艺，加入了西方立体剪裁的技法，

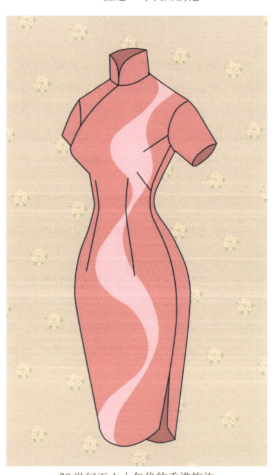

20世纪五六十年代的香港旗袍

领子加高，有了胸省，收了腰线，拼接了袖子，这样的旗袍更加紧身，强调丰胸细腰；裙摆收窄，显得臀部丰润。这更加体现了西方结构的美感，让女性的身体美感更加明显。

到了60年代末期，随着工业化的发展，大量西式成衣出现，款式和面料都五花八门，价钱也比量身定做的旗袍更加便宜，年轻人追求新事物，又追求活动灵活舒适，旗袍渐渐变成了老一辈的服装。到了70年代，美国的波普文化，更加冲击了旗袍这种传统服饰，具有含蓄审美的旗袍和具有冲击力的西方流行服饰相冲突，渐渐退出了日常穿着的大舞台。

1.5 改良旗袍的兴起

直至1990年，旗袍再次受到了重视，当时的国际时装界刮起中国风，很多设计师将旗袍元素加入到了自己的设计中，以凸显东方风情。但是传统旗袍制作工艺流失，原来的平面剪裁不复存在了，旗袍的制作工艺是纯粹西方的打板剪裁工艺，是西方制衣方式，只是多了旗袍立领和盘扣。很多旗袍不是侧开的，而是背后有拉链，面料也不再局限于纯天然的面料。因为这种制作方式便捷，可以将旗袍制衣量产。这种旗袍被称为"改良旗袍"。

1.6 对传统旗袍的复兴

现如今，我国重视传统文化、非物质文化遗产，支持和保护传统旗袍的制作工艺，质地优良的旗袍也渐渐走入大家的视野，越来越多的中高阶层的女性在出席重要场合的时候，都会穿着旗袍。

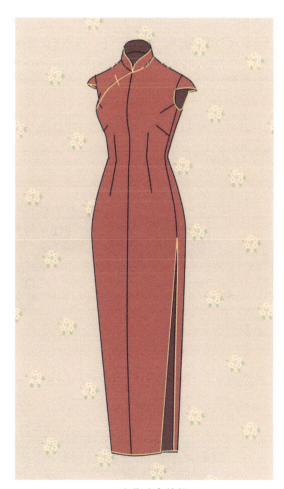

当代改良旗袍

1.7 影视剧中旗袍的重现

近些年,在很多年代剧中,旗袍又大量重现。比如我们所熟知的《花样年华》《2046》《一代宗师》《一步之遥》《师傅》等,旗袍均是影片亮点,这让我们对旗袍的了解更加形象化了。影视媒介的传播力度非常广泛,所以很多现代女性通过影视剧,对旗袍的印象也变得非常清晰,很多女性更加喜欢和接受旗袍。接下来我们将浅谈电影《一代宗师》中女主人公穿过的旗袍。影视剧中的旗袍,不再仅仅是为了美观,更是为了烘托人物情绪,为剧情做铺垫,它有了更高级的艺术含量。

电影《一代宗师》中的宫二,原名宫若梅,北方八卦掌宗师宫羽田的独生女,对武术有着与生俱来的天赋和痴迷,性格坚毅中更透着一股只能进、不能退的倔强和硬气,所以她身着的旗袍以深沉颜色的为主,细节精致素净。电影中,宫二身着北派旗袍,旗袍的款式和颜色随着她命运的跌宕起伏而变化。

旗袍一:

在宫二少女时期,她的衣服虽然基色为沉稳的深蓝色、黑色,但是却有亮色的折角珍珠蕾丝花边。因为是宫家小姐第一次亮相,所以使用了珍珠花边,珠光宝气以显其地位。

旗袍二:

淡蓝色白色相间花边,木质纽扣。

旗袍三：

白色花边黑旗袍。

旗袍四：

看父亲比武时穿着灰白色旗袍。

旗袍五：

　　影片中宫二和叶问比武，场面非常隆重。所以穿着黑色的旗袍，并配以浅蓝、浅黄睫毛蕾丝花边和一字扣。花边的颜色和细节也非常丰富。

旗袍六：

影片中宫二回到东北，与叶问书信来往，她的感情有波动，但是又很压抑，所着棉旗袍以压抑的暗红色为主。而且还原了北方旗袍冬天窄袖防寒的特点，袖子上还有一条精致的拉链。

旗袍七：

影片中在火车上救人，这个桥段黑暗而紧张，所以宫二穿着一身沉重纯黑的旗袍。

旗袍八：

影片中宫二父亲被杀，其身穿白色旗袍。

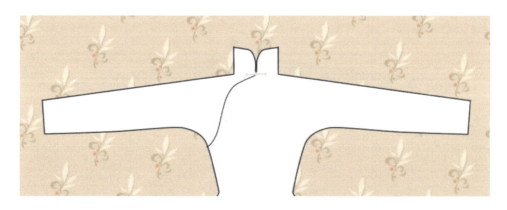

旗袍九：

　　影片中宫二去找马三，这时她的气场已经强大，穿着大领的皮草大衣，里面是肃穆的黑色旗袍，但是领子前绣了燕子，锐利而醒目，显出这时期宫二的锐。

旗袍十：

　　影片中宫二再次遇见叶问，这时候她万念俱灰，但是遇见叶问依旧让她春心波动，可以从她暗紫花色的旗袍和花边毛衣看出来，少了几分肃穆，多了一份柔情，但是这份柔情依旧那么压抑和沉重。

旗袍十一：

　　影片中宫二复仇，穿着暗棕色绣花旗袍，相比黑色，这身旗袍让她更有一种成熟、大气的韵味，并且刺绣让宫二看上去更精神，配上皮草大毛领，使宫二更具有女性的王者风范。

旗袍十二：

　　影片中宫二与叶问最后一次去看戏，红唇，却一脸苍白，穿着灰色的完全朴素的旗袍，外面配了一条黑白花丝巾。整体表现出的便是一个表面华丽、内心已尽的女子。

旗袍十三：

　　影片接近尾声，宫二走得寂寥。这时候她穿着如黑一般的绿色旗袍，没有花边，一团深色。没有黑的肃穆，没有红紫的柔情，完全是冷掉的颜色和生命。

旗袍十四：

　　影片最后有一场她生前独自在北方雪地中练武的戏，她没有穿厚重的皮草，只是穿了轻便的冬季旗袍。虽然旗袍依旧是黑色的，但是旗袍长袖上却绣着轻盈的白色蝴蝶，还点缀着很亮的珍珠盘扣。这让人回想起，当年那个没有任何沉重负担的女孩子。

第 2 章　旗袍的基本样式

2.1 旗袍开襟样式

　　从商周时期开始，中国的传统袍服就习惯使用开襟形式。服装可以从中间或某个地方分开的方式，就叫开襟。旗袍款式的变化，主要是襟型、袖型和领型等的变化。旗袍上的襟是指除去袖子，前面的那一片。纽扣在胸前正中的叫"对开襟"，纽扣在左侧的叫"左开襟"，纽扣在右侧的叫"右开襟"。旗袍常见的襟型有如意襟、圆襟、直襟、方襟、琵琶襟、斜襟、双襟等。下面列举一些开襟方式。

圆襟：其线条圆顺流畅，是旗袍常见的开襟方式。

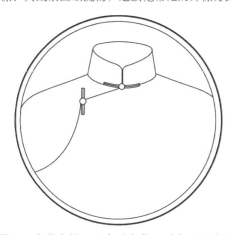

方襟：方中带圆，含蓄内敛，又富于变化，适合不同脸型的女性穿着。

双襟：双襟比单襟复杂。在旗袍上两边开襟，然后把其中一个襟缝合。这个缝合的襟只作为装饰，所以双襟的旗袍与单襟的一样，只不过双襟的旗袍在视觉效果上更为美观和高贵。

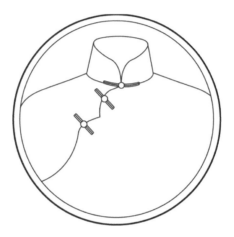

双圆襟：双圆襟不同于圆襟的成熟稳重，其更显雅致。

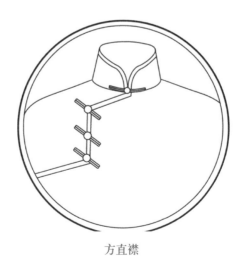

方直襟

连环襟

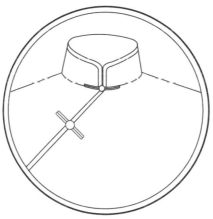

斜襟：斜襟是从领口斜直过胸前的衣襟方式，穿起来具有古典韵味。斜襟以前通常会配上大花扣，但现在都改用较细的花纽。现在的旗袍设计多为斜襟样式。

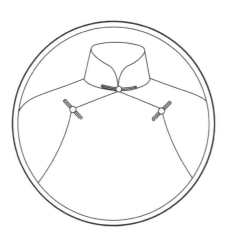

曲襟：其形状像带棱角的"S"，开口较大，容易穿着。

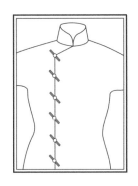 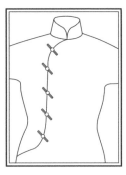

直襟：直襟旗袍会使身材整体显得修长，适合圆脸型、身材丰满的女性穿着，是中年女性比较青睐的款式。直襟旗袍的一排盘扣具有很强的装饰性。

中长襟：从领口斜画出一个带拐角的、不很明显的曲线弧形，避开胸部，一直延伸到腰部，身侧配以一排花扣做装饰。

2.2 旗袍领型样式

旗袍的领型十分多样，常见的领型有元宝领、圆领、波浪领、方领、水滴领、V字领等。为了保证旗袍的领都是硬挺的，传统的裁缝一般会用糨糊将白布变硬，放入领内；有些用高级面料制成的旗袍，在低于领口处，会手工缝上一条刮糨的白棉布，便于拆洗。

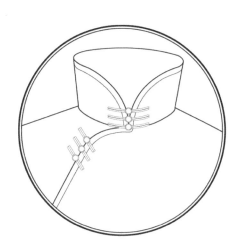

元宝领：其斜压在下巴两侧，起修饰脸型的作用。穿着带有元宝领的旗袍时，需要抬高下巴，挺直脖颈，才能显出端庄的仪态。

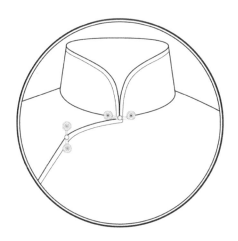

圆领：简单大方，领口的弧度自然圆润。这款领口十分简约，而且对于脸型也没有过多的要求，市场上大部分的旗袍都是圆领的。圆领造型简单，所以会更加注重细节的处理，比如领口的绲边，还有领口的盘扣装饰等。

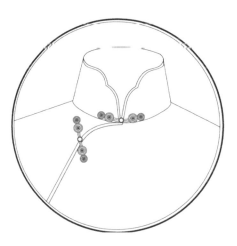

波浪领：风格活泼，适合年轻女性。

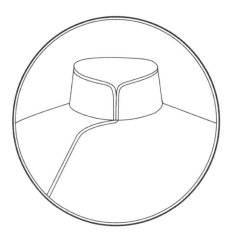

方领：方中有圆，风格庄重、严谨。

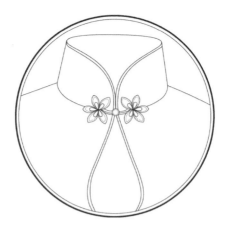

水滴领：在胸口处挖出水滴形状，露出些许肌肤，别具风情。

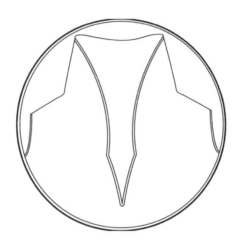

V字领：适合肩比较宽的女性穿着。

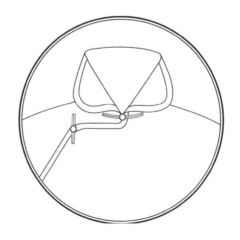

凤仙领：小翻领，款式比起元宝领来说更加新潮，能够很好地衬托脸型，给人一种娇俏的感觉。

2.3 旗袍裙摆样式

各个时期的旗袍裙摆的长短和开衩的演变如下图所示。

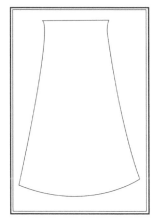
20世纪20年代倒大袖旗袍裙摆

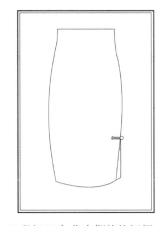
20世纪20年代末期旗袍裙摆

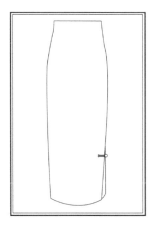
20世纪30年代扫地旗袍裙摆

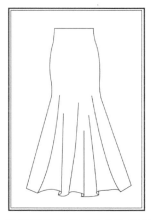
20世纪30年代时装旗袍裙摆

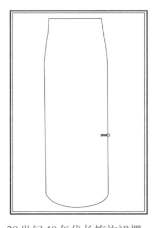
20世纪40年代长旗袍裙摆

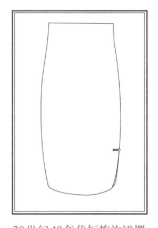
20世纪40年代短旗袍裙摆

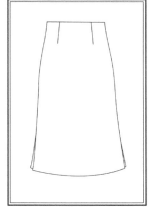
20世纪50年代旗袍裙摆

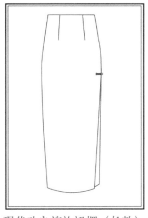
现代改良旗袍裙摆（长款）

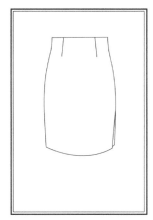
现代改良旗袍裙摆（短款）

2.4 旗袍袖型样式

旗袍袖型的花样常随潮流而变化，时而流行长袖，长过手腕；时而流行短袖，短至露肘。常见的袖型有长袖、短袖、开衩袖、荷叶袖、喇叭袖等，有些旗袍则无袖。

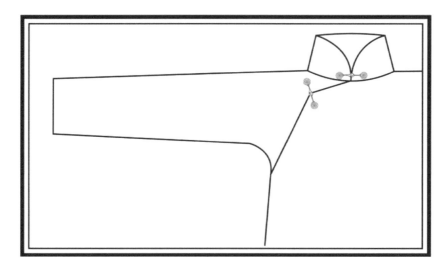

（1900—1910）旗袍窄袖

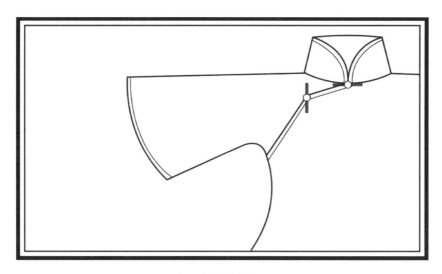

（1920）倒大袖

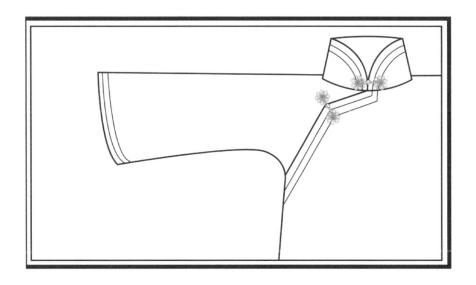

（20世纪20年代后期）喇叭袖

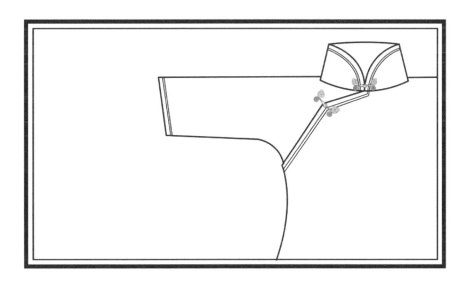

（1930—1940）中袖

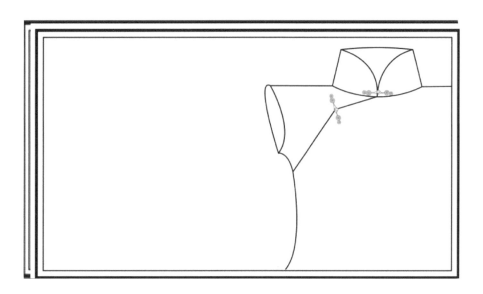

（1930—1940）短袖

20世纪30年代旗袍的另一特色是中西合璧。旗袍袖型上出现了各种西式服装的流行元素。

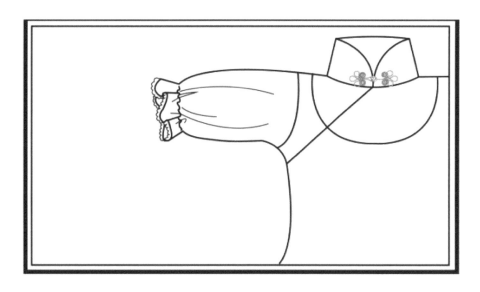

束橡皮筋的袖子

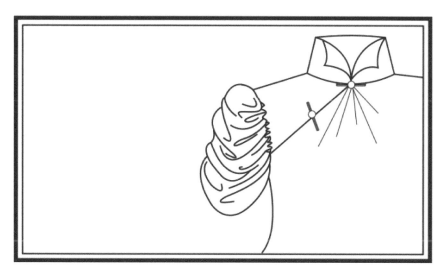

打褶袖

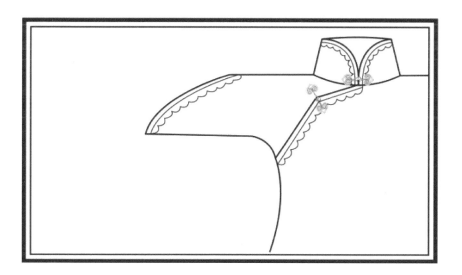

斜袖

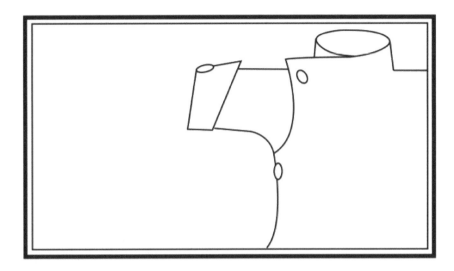

翻折袖

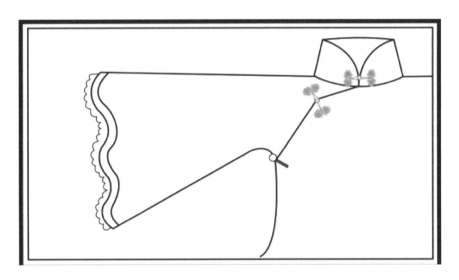

波浪袖

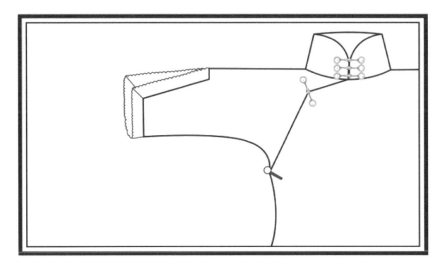

开衩袖

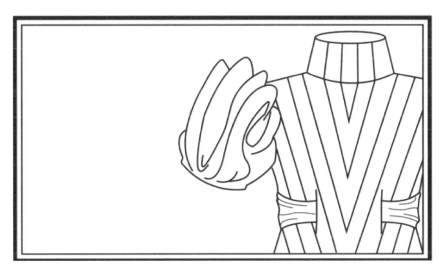

灯笼袖

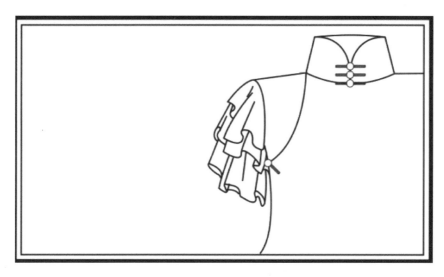

荷叶袖

中华人民共和国成立后,很少有人再将旗袍作为日常服装。1966年后,旗袍完全消失在人们的视线中。但在20世纪五六十年代的香港,旗袍仍是中上阶层女性的常服,此时的旗袍有短袍身、修腰、胸腰省、剪裁贴身、下摆收窄等特点,能营造出葫芦身形的效果;袖子由原本的原身出袖变为无袖或接袖;旗袍无绲边盘扣等装饰,改为拉链及按扣。

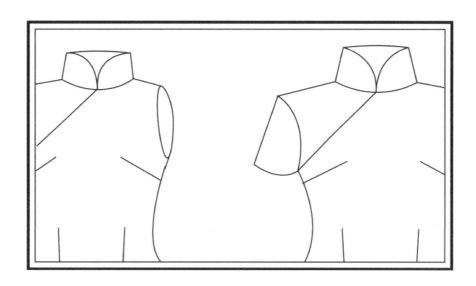

第 3 章 旗袍的纹饰

3.1 几何纹饰

旗袍面料的几何纹饰有很多，下面列举一些纹饰图案。

方格图案　　　　　　波浪图案　　　　　　折角图案

　　斜条纹图案　　　　　竖条纹图案　　　　　散点图案

3.2 植物纹饰

　　植物纹饰在旗袍图案中应用较为广泛，常见的植物纹饰有梅兰竹菊、岁寒三友、团花、缠枝纹、蔓草纹、莲花纹、牡丹纹、忍冬纹等。

　　梅花图案　　　　　　兰花图案　　　　　　菊花图案

3.3 动物纹饰

常见的动物纹饰有仙鹤、鲤鱼、蝴蝶、龙、凤、蝙蝠等。动物纹饰寓意深远，不同的动物纹饰与其他纹饰组合寓意更丰富，比如松鼠与仙鹤的组合，寓意"松鹤延年"，磬纹和鱼纹的组合，寓意"喜庆有余"等。

仙鹤图案　　　　　　　鲤鱼图案　　　　　　　蝴蝶图案

3.4 山水纹饰

山水纹饰的旗袍较为少见，是比较独特的纹样，可以通过织、绣、印、染的方式将其展现在面料上。

海浪图案　　　　　　　青山图案

3.5 其他纹饰

旗袍的纹饰多样，博古纹、宗教纹、器物纹、人物纹和文字纹等都是常用的纹饰。人物纹通常以历史人物和神话传说为主体，宗教纹多以"如意云纹""八宝纹"等为表现图案。

PART 02

旗袍的设计及元素制作

第 4 章　旗袍设计效果图展示与绘制

4.1 旗袍设计效果图概述

旗袍设计效果图是大家最直观看到旗袍的一种展示方式。当旗袍设计出来，但还没有做出来之前，要想展示给大家，得到反馈的话，画旗袍设计效果图是最好的一种方式了。

绘制旗袍设计效果图，最重要的有以下两点。

第一点：对人体了解并掌握。旗袍本身就是一种修身的服装，不像西服是非常有廓形的，和人体有一定的距离和空间。绘制旗袍这类服装的设计效果图，就等于在人体结构上面画一层面料，对绘制者掌握人体结构的能力要求很高把女人身体画得准确优美，画出来的旗袍自然也就好看。反之，如果掌握不好女人身体的结构，画出来的结构不准确，节奏不协调，那么画出来的旗袍就不好看。

第二点：旗袍设计的配色和气质以及整体搭配。我们看到的旗袍是一片布做成的，那么花色就是最重要的，但是能让花色产生自己气质的，就是细节的配置。比如白色面料，配粉色配饰，就会显得粉嫩；配蓝色、绿色，就会显得清爽；而配黑色，就会显得

PART 02 旗袍的设计及元素制作

The Elegant Women Love The Pink Leather Cheongsam

Huangge's Design
2017/8

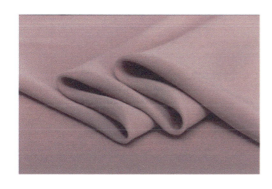

The Mild Women Love The *Fresh Printed* Cheongsam

Huangge's Design
2017/8

PART 02　旗袍的设计及元素制作

太气端庄。而且画的模特的气质以及配饰、鞋子等都应该是协调的,毕竟旗袍和其他时装是一样的,要一整套"LOOK"。

　　在设计图中,我们可以清晰地了解到面料是什么,适合什么人穿,搭配什么鞋子、发型以及外套。还有旗袍的绲边是什么颜色等。

　　虽然设计图笔触只要寥寥几笔,但是人物形象就已经有了自己的气质,旗袍也显出了自己的味道,达到这样的效果取决于对女人身体的了解,怎样的动作姿势更适合旗袍,怎样的女人会有怎样的气质。

而旗袍的面料质感、配色和配饰,是要根据这个整体"LOOK"的气质来搭配的。值得注意的是,设计图一定要建立在能制作的基础上,有些设计图虽然好看,但是设计师不懂工艺,制作不出来也是枉然。所以在学习绘制服装设计效果图之前,设计师应该了解此类服装的制作工艺,这样设计的服装效果图才能和实物更加接近。

4.2 旗袍设计效果图软件绘制表现

首先,我们要选择一款自己用着比较顺手的软件,如Photoshop、AI、SaiTool等。由于本人以前画漫画,所以比较习惯用SaiTool。其防抖功能做得很好,软件体积也很小,免安装。

接下来,我们需要确定旗袍的定位。旗袍不同于其他服装,不同的设计,就会有不同的风格和感觉。所以旗袍的设计应该根据个人的风格以及场合要求来进行,比如现代常见的风格有清新、职场、性感、干练、华丽、优雅、文气等;而根据场合不同可以分为:上班、聚会、约会等。

我们对两个示例进行设计,这样有对比和区别。

假设有两个女子同时需要设计旗袍,先说性格定位,一个是硬派摇滚女孩R(ROCK),一个是甜美女孩S(SWEET)。

摇滚女孩R想要一件适合稍微隆重场合的,比如演出时也能穿着的旗袍。而甜美女孩S则想要一件正常约会时穿出门的、轻松一点的旗袍,希望甜美一些,不要太长、太传统,穿上要可爱一些。

1. 摇滚女孩R很酷,喜欢黑色,所以我们就以黑色作为基调。但是其有上台需求,因此我们要加入一些闪亮的银色元素。摇滚是突破常规的,所以旗袍也要设计得更有张力一些,面料花纹不能是很规则的。最后选择了黑色有长条裂纹的真丝香云纱面料,有厚重感,有粗糙纹理,不像缎面真丝面料那么顺滑,给人柔弱之感,黑色裂纹香云纱是真丝面料里面最适合摇滚女孩的面料了。

2. 甜美女孩S希望自己可爱得像娃娃一样，所以我们选择浅紫粉色，并且有渐变，外层是粉色花朵图案的绣花乔其纱面料。裙子要设计得短一点，这样会更显俏皮、可爱。

3. 绘制出人物的大形体。

在绘制任何人物的时候，不管是什么风格、类型的绘画，结构是第一位的，即使是变形人体，也是要讲究结构和构图的。我们一般会选择一个最能表现人物性格和美感的姿势。

4. 在人物身上把旗袍样式画出来。

5. 上色。上色的风格因人而异，除了配色，还要考虑光影和视觉效果，这样才能更好地去还原制作出来的实物的感觉。

6. 绘制细节和配饰，让整体"LOOK"更加协调，还要衬托出服装的效果和风格。

The *Sweet Girl* In The *Sweet Cheongsam*

Huangge's Design
2017/08

4.3 旗袍设计效果图手绘表现

1. 绘制出人物的大形体,在人物身上把旗袍与细节绘制出来。
2. 上色做效果。

下面大家可以看看设计效果图。

A Slim Girl

In The

Fairy Cheongsam

Design By Huangge
2017/08/13

The Sweet Woman Love The White Yarn Double Breasted Cheongsam

Huangge's Design
2017/9

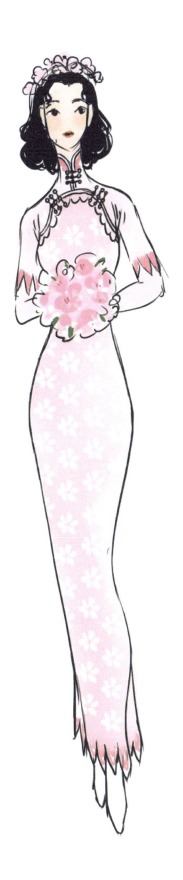

A Woman With Aura
Love The
Black And White
Oblique Flower Crepe
Cheongsam

Huangge's Design
2017/9

The Smart Women In The Grey Green And White Texture Cheongsam

Huangge's Design
2017/9

The Successful Lady
Love The
Vertical Stripe
Cheongsam

Huangge's Design
2017/8

The Asian Sexy Girls Love Deep Green Cheongsam

Huangge's Design
2017/08

第 5 章 旗袍的量体

5.1 量体的工具及使用

量体的工具主要是软尺、记录表，旗袍尺寸的测量方式大概一样，但是每个师傅根据自己的经验，对于测量尺寸的具体数据还会有自己的改进和变化。

荒歌古法旗袍目前的测量数据有 21 个，包括：领围、领高、半肩宽、半袖长、袖窿、袖肥、袖门、腋下围、胸围、乳间距、前胸高、前上衣长、后上衣长、腰围、腹中线长、臀围、臀高、前衣长、后衣长、开衩、大腿围。

5.2 量体的方法

测量的时候请穿好内衣，最好和穿旗袍时的内衣一样或接近；如果穿旗袍要搭配高跟鞋，请穿高跟鞋测量。测量前在腰上系一根绳子或者腰带，不要过紧，目的是找前后上衣长的对应位置。

1. 领围

领围不是脖子的粗细,而是脖子与身体连接处的围度。测量时要经过脊柱最高点和锁骨窝。

2. 领高

领高是从颈后脊柱测量领子的高度,注意不要高到发际线。

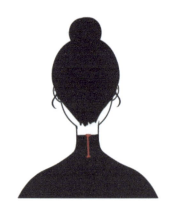

3. 半袖长 + 半肩宽

半袖长是从颈椎到袖口的长度，而半肩宽仅仅是从颈椎到肩头的长度。

4. 袖窿

袖窿的测量方式：手臂抬起，皮尺从腋下穿过后手臂放下，竖直环绕一周，不要紧勒，贴着皮肤即可。

5. 袖肥

袖肥是指上臂最粗部分的围度。

6. 袖口

确定好袖长的位置再来量袖口的围度。

7. 腋下围

腋下围的测量方式是先把双臂抬平，将皮尺穿过腋下，再把胳膊下垂，然后再测量尺寸。

8. 胸围

测量胸围时必须经过两个乳头；皮尺必须保持水平。

9. 乳间距

测量两个乳头之间的距离。

10. 前胸高

测量侧颈点到乳头的长度。

11. 前上衣长

即从侧颈点开始,经过胸高点到腰围处的长度。

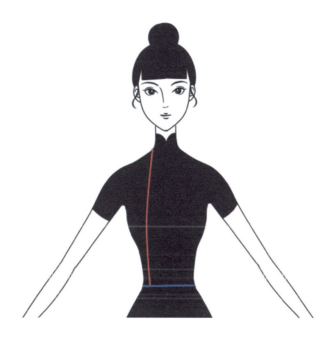

12. 后上衣长

挺直站立,目视前方,测量脊柱最突点到腰围处的垂直长度。

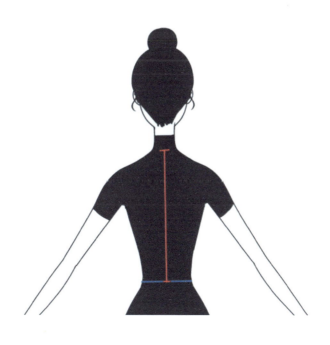

13. 腰围

经过腰部最细处，水平绕其一周就是腰围。测量时放松身体，不要过紧或过松，皮尺必须保持水平。

14. 腹中线长

腹中线是指腰围到臀围的1/2处，水平绕其一周的长度，即腹中线长。测量时双腿并拢，放松身体，不要收腹，皮尺必须保持水平。

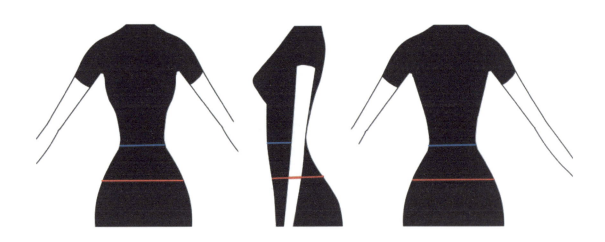

15. 臀围

经过臀峰,水平绕其一周的长度就是臀围。

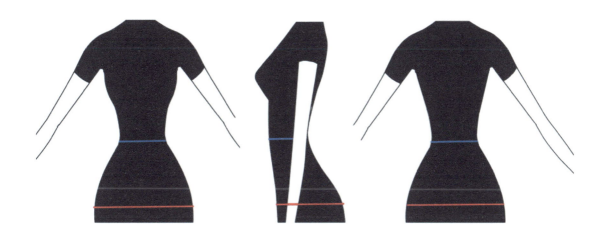

16. 臀高

腰围上的一点到臀峰的垂直长度就是臀高。

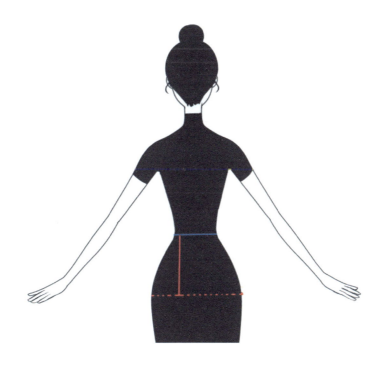

17. 前衣长

从侧颈点开始,经过胸部最高点,到旗袍最下端,来确定旗袍前衣长。

18. 后衣长

从脊柱最突点开始,竖直向下到旗袍最下端的长度就是旗袍后衣长。

19. 开衩

开衩的长度是从裙下摆测量到膝盖上 10cm 处的长度。这是我设计旗袍时使用的尺寸，但是开衩的高度也因人而异。

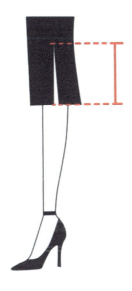

20. 大腿围

如果大腿粗的话，需要测量大腿围，即从测臀围处往下 8cm 地方的两条大腿根并在一起的围度。如果大腿不是出奇粗的话，就不用测量。

第 6 章　旗袍的盘扣设计及工艺

6.1　盘扣的分类

盘扣种类是很多的，名称也不尽相同。这里我们仅介绍常用的几种盘扣。

6.1.1　一字扣

直扣（一字扣）是最简单的盘扣。用一根袢条编结成球状的扣坨，另一根对折成扣带。扣坨和扣带相对缝在衣襟两侧。

一字扣

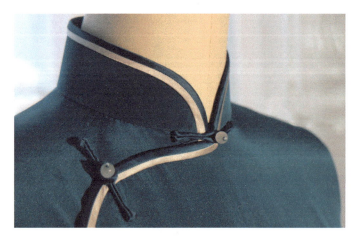

旗袍上的一字扣（荒歌旗袍）

6.1.2 琵琶扣

琵琶扣两边形似琵琶。

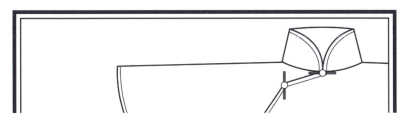

琵琶扣示意图

6.1.3 花形扣

花形扣有多种类型。

1. 桃心盘扣示意图以及成品图

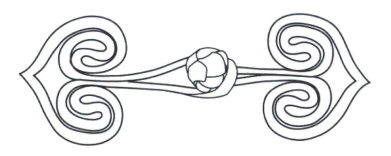

桃心盘扣示意图

桃心盘扣成品图

2. 太阳花盘扣示意图以及成品图

太阳花盘扣示意图

太阳花盘扣成品图

3. 几何图形的盘扣

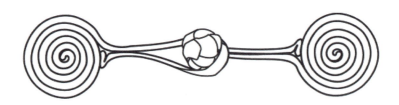

圆形盘扣示意图

圆形盘扣成品图

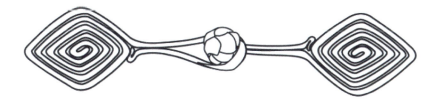

菱形盘扣示意图

菱形盘扣成品图

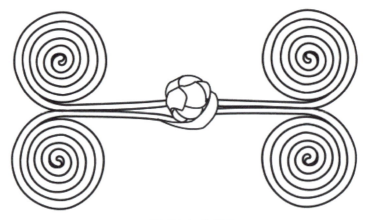

耳形盘扣示意图

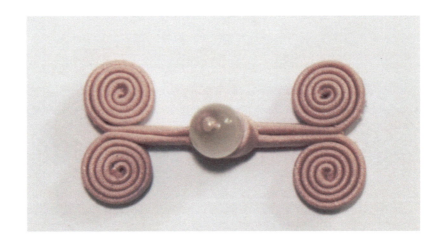

耳形盘扣成品图

4. 盘结成文字的福字盘扣、寿字盘扣、喜字盘扣等

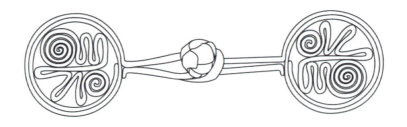

福字盘扣示意图

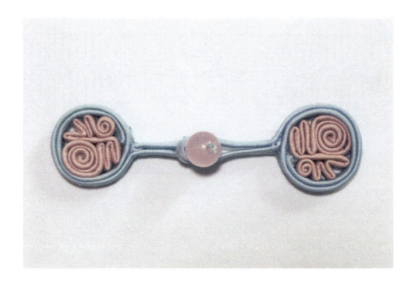

福字盘扣成品图

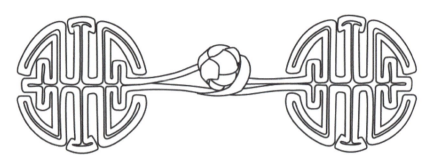

寿字盘扣示意图

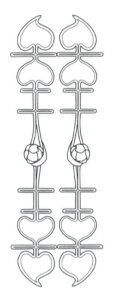
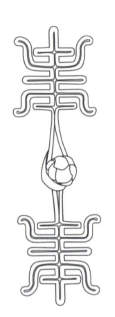

喜字和寿字盘扣示意图

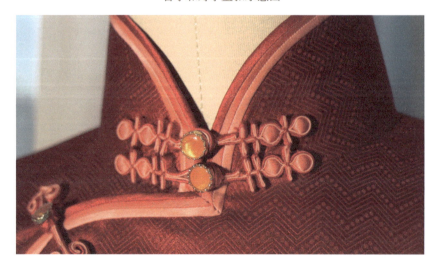

喜字盘扣成品图

6.1.4 软花扣

无论是一字扣还是花扣，多以各种布条盘绕、打结而成。为了布条有良好的延展性，多以45°角剪裁斜丝布，又因时代流行和各种花扣的特性，可能会使用上糨、嵌棉线、嵌铜丝等工艺。所以，又可以按照制作工艺来分类：大致分为软花扣和硬花扣两种。

软花扣是拿已经制作好的绲边条，盘绕出各种形状而制作成的扣子，这样的扣子比较柔软，能做简单、小巧的花型。

软花扣中有一大类可以概括称为"盘香扣"，它是花扣中最基础的花形，但只要有巧思，盘香扣的变形层出不穷。其本身简单精巧，是古董旗袍上最经典的一类花扣。

下面为各种软花扣的示意图和成品图。

1. 圆形扣

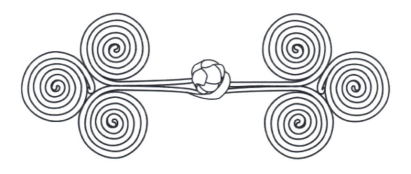

2. 花朵扣

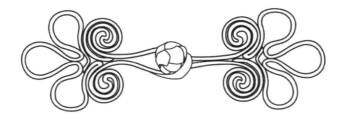

3. 蝴蝶扣

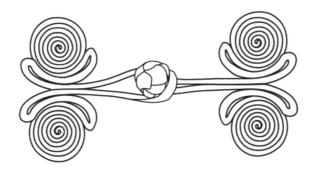

4. 双扣

5. 盘香扣与珠子搭配制作包珠扣

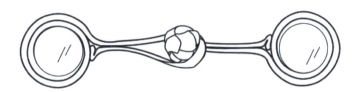

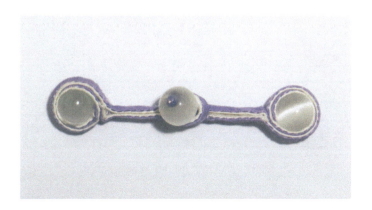

对于盘香扣的配色，单色绲边与双色绲边有着不同的效果。单色绲边的盘香扣比较常见、简洁，双色绲边的盘香扣则更为精致。

旗袍上面的盘香扣（荒歌旗袍）

旗袍上面的盘香扣（荒歌旗袍）

旗袍上面的盘香扣（荒歌旗袍）

6.1.5 硬花扣

"嵌丝硬花扣"分为空芯硬花扣和填芯硬花扣两种。一般使用上糨的布夹铜丝做成的扁布条，其优点就是易于做各种造型，并且立体感突出。因此，可以做出各种造型，从小型的花卉到大型的花卉组合，装饰性十分突出。

硬花扣示意图如下

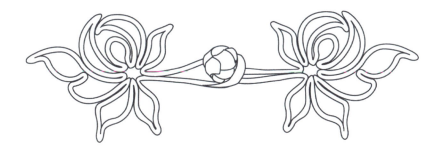

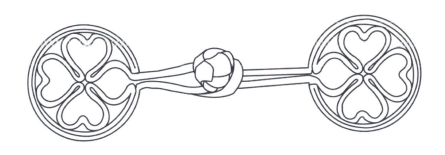

嵌丝硬花扣成品展示图（荒歌旗袍）如下

嵌丝硬花扣也有多色设计。

多色的嵌丝硬花扣设计示意图

嵌丝硬花扣的花形一般都比较复杂，除了常见的轴对称造型，还有中心对称的，这让花扣的设计更加自由而灵动。

上下相反的硬花扣设计示意图

花扣中还有一种更为丰富的搭配，就是"三花扣"，常见于双襟服装上。使用嵌丝硬花扣，再配合双襟两侧的花扣，视觉上极为繁复、美丽。但是并非所有双襟都有三花扣，因设计需要，也有普通对扣或无扣的设计。

三花扣示意图

6.1.6 填芯扣

如果将嵌丝硬花扣视作画作的勾边，那么填芯扣就是填色的。所以，填芯扣一般是在嵌丝硬花扣图案的封闭轮廓里使用面料填充棉花而成的，常用不同于花扣颜色的面料装饰。因此，嵌丝硬花扣也叫空芯扣，而填芯扣也叫嵌芯扣。

填芯扣的设计，除了可以使用异色、多色，还可以在一些轮廓里填，另一些轮廓里不填，以营造出虚虚实实的效果，在小小的花扣里创造视觉重心。

而且花扣也不总是以某种对称形式存在，不对称的花扣也不少见。

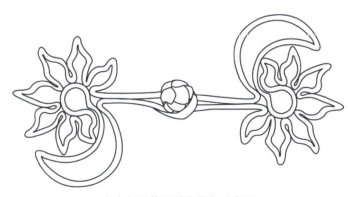

左右相反的不对称花扣示意图

不对称花扣成品图

而盘扣根据扣头的不同,也可分为两大类,一种是算盘疙瘩扣头的盘扣,一种是配单独扣头的盘扣。算盘疙瘩扣头,就是用做扣子的布条编成的一个实心圆球。其特点是扣头有弹性,伸缩性能好,扣子更经久耐用。

单独扣头：就是用珠宝、金属、珐琅珠、琉璃等硬材质设计制作而成的圆形或者其他形状的扣头，是单独接到布盘扣上面来使用的，如下图所示。

单独扣头在旗袍上的应用（荒歌旗袍）

6.2 盘扣的应用

从衣服的搭配上来说，越是大型的装饰性强的花扣（如嵌丝硬花扣、填芯扣），越会突出在领子、大襟的部位，而衣身则选择实用性、耐用性更好的一字扣或盘香扣。

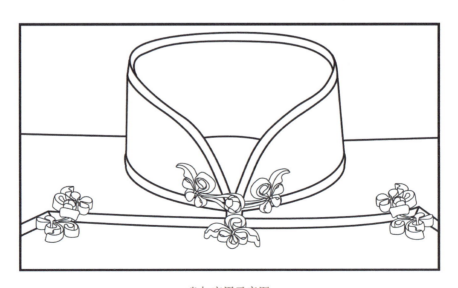

盘扣应用示意图

盘扣成品图

荒歌古法旗袍（摄影师黄璟）

荒歌古法旗袍（摄影师黄璟）

盘扣旗袍上身图(摄影师黄璟)

6.3 盘扣的制作方法

6.3.1 传统简单盘扣的制作

盘扣成品图

制作步骤如下：

1. 取一块方形真丝面料，使用加入防腐剂的糨糊，在真丝面料背面刮糨，待糨糊干透，揉匀，然后用熨斗熨平。把2cm宽的斜丝（45°，30～50cm），剪成自己想要的扣条。之所以使用对角斜丝做扣条，是因为这样的扣条弹性最大，可以做成自己想要的花形。

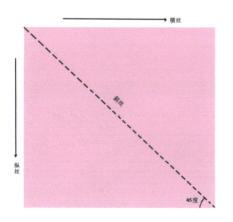 

斜丝示意图

2. 手工做扣条：先把这个扣条平铺，将两边折进去，再对折，然后先用针钉住中间，再用针缝牢。可用来做直扣、琵琶扣及各类软花扣等。

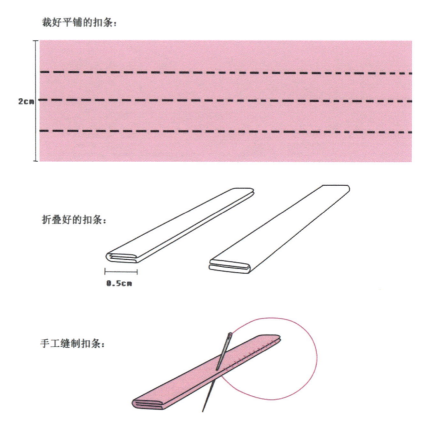

除外，还可用机器做扣条。为使扣型盘制得无线迹，造型美观，可将斜布条对折，用缝纫机车缝一道，然后用长针翻正成扣条。如此，可用于做各种盘扣。

车缝扣条

PART 02　旗袍的设计及元素制作

将做好的扣条熨平，剪成一样长短，准备做同样大小的扣子。然后用手或者借助工具，把扣条盘成设计好的款式，用针线从背后固定。

开始做花型。

将背面固定，接上珠头，这样珠头款式的扣子就做好了。

6.3.2 硬盘花扣（填芯扣）的制作

硬盘花扣成品图

1. 跟制作软花扣一样，先剪裁斜丝扣条，如下图所示。

2. 缝合扣条。与软花扣制作不一样的是，需要在扣条中，用制衣专用的双面胶，把铜丝包裹住并粘在扣条中，这样可以让扣条易于造型。熨帖好扣条。

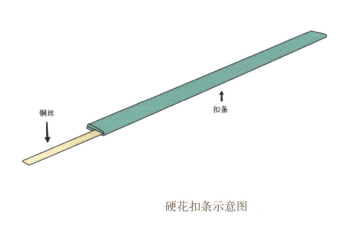

硬花扣条示意图

3. 使用工具,做成自己想要的花样,如下图所示。

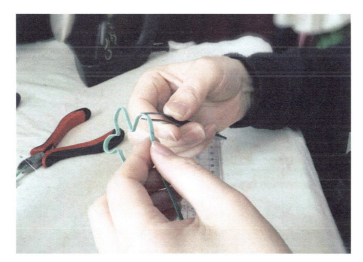

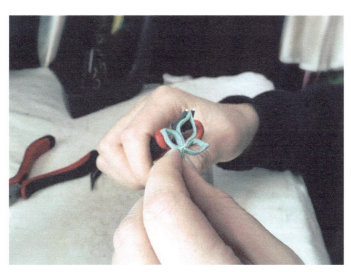

4.在用硬花扣做好的花样框架下面垫一块面料,然后塞入棉花,使用镊子将棉花塞紧。翻到正面,就可以看到一个饱满的硬花扣的填芯。

全部填好之后,修剪掉多余的面料。

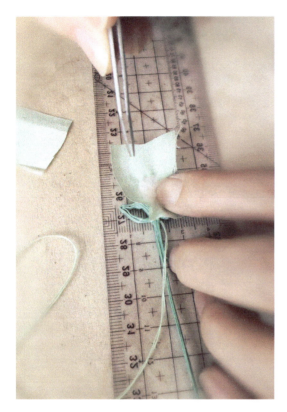

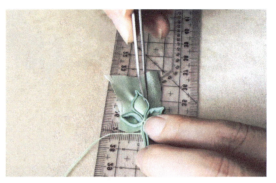

5.将做好的花扣背面贴上一块面料,粘紧。

6. 最后，将花扣缝到衣服相应的位置上就可以了。

6.3.3 扣坨的制作

将已经制作好的扣条，按下图的方法依照先后顺序逐步进行编结。编结完后，均匀拉紧，做成结实坚硬的圆珠状扣坨。

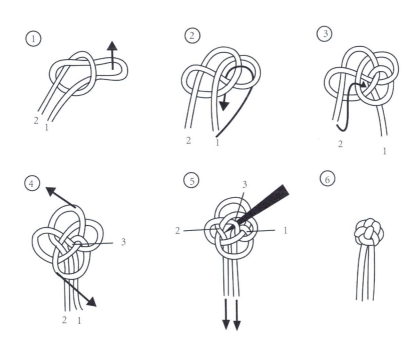

第 7 章 旗袍的绲边设计及工艺

7.1 绲边的分类

"绲"是针对旗袍边缘的一种处理方法。按照缝制工艺，分为暗线绲边和明线绲边。按照颜色分为单色绲边、双色绲边和多色绲边。

单绲边旗袍

荒歌古法旗袍（摄影师黄璟）

双绲边旗袍

荒歌古法旗袍（摄影师黄璟）

7.2 绲边的制作方法

7.2.1 单色绲边制作

1

面料正面　　绲边条背面

2

面料和绲边条面对面，车缝在一起。

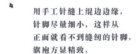

3　翻到面料背面，使用绲边条折两次包裹着面料边缘。

面料背面

4　用手工针缝上绲边边缘，针脚尽量细小，这样从正面就看不到缝纫的针脚，旗袍方显精致。

面料背面

荒歌古法旗袍（摄影师黄璟）

单色嵌绲边效果图

7.2.2 双色嵌绲边制作

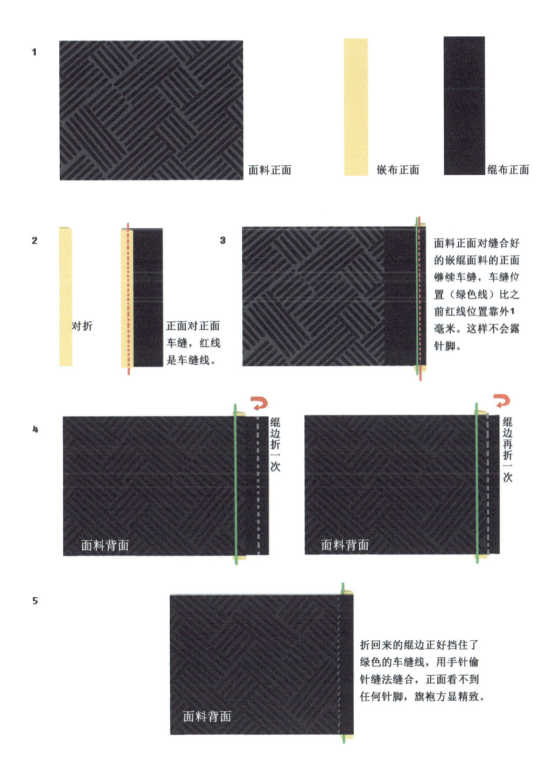

双色嵌绲边效果图

7.2.3 特殊镶嵌绲边展示

PART 03

旗袍的制作及剪裁工艺

第 8 章 古法旗袍的造型细节及设计

8.1 古法旗袍的剪裁

古法旗袍有别于目前市场上的改良旗袍，二十世纪二三十年代的旗袍工艺采用整片剪裁的方式进行制作，这种制作方式叫作平裁。

古法旗袍前后是用一片布做成的，是将整片布平铺剪裁而成的。由于古法旗袍是由整片面料制成的，几乎没有拼接缝隙，这样会显得身材修长，线条流畅，垂坠感好，更适合身体比较扁平的亚洲人。

我们怎么分辨平裁旗袍呢？这个其实非常简单，就是看看这件旗袍，除了身体两侧的拼接缝隙，还有没有其他的接缝。平裁旗袍的肩膀是没有接缝的，腰部也没有腰省（也就是收腰的接缝），面料花色也是完整的。

荒歌古法旗袍（摄影师黄璟）

花纹完整的平裁旗袍

花纹完整的平裁旗袍

8.2 古法旗袍的领型

古法旗袍的立领和改良旗袍的立领在视觉上大致是一样的，但是在结构上却有一定的区别，古法旗袍的领子更贴合脖子。

旗袍插画示意图

旗袍插画示意图

荒歌古法旗袍（摄影师黄璟）

8.3 古法旗袍的肩袖

古法旗袍的肩袖是连袖,肩膀没有接缝,前后一片布,所以古法旗袍的肩袖更加柔润,彰显了人体肩部的结构。

无缝旗袍袖子(摄影师黄璟)

8.4 古法旗袍的前襟

古法旗袍采用整片剪裁，所以前襟是唯一承载穿合作用的部分。如果是全侧开的前襟，其制作难度就很大。如果全侧开，那么绳边和扣子的重量就会比另一侧重很多，处理不好的话，这件旗袍就会朝一侧倾斜。如果前襟还要做成异型的，比如波浪形等，就更要注意手工的轻重、松紧了，所以古法旗袍更加讲究制作工艺。

古法旗袍的前襟（摄影师黄璟）

8.5 古法旗袍的开衩

一提到旗袍，大家想到的就是高开衩，但是，在旗袍流行的年代，旗袍虽然有开衩，但是最高开到膝盖，很少高于膝盖。穿着这样的高度的旗袍走起路来，旗袍会裹住屁股和膝盖以上的大腿，形成 S 形，让女人身材很有曲线美。

低开衩的旗袍体现 S 形

8.6 古法旗袍的里衬

古法旗袍的里衬是和面料分开的。有三种制作形式，第一种，里衬和面料缝合在一起。第二种，里衬和面料大部分缝合在一起，但是下摆部分的里衬和面料分开，并且附上花边。第一种做法是比较普通的做法，第二种做法是比较精致的做法，我们在很多老照片和招贴画中可以看到。

旗袍美女画

旗袍美女画

第三种就是里衬和面料完全分开的，分两层，这样的旗袍里衬下摆也有花边。这种分体的旗袍外层大多是透明的纱质面料，里面是一件不透明的衬裙，衬裙的上半身是背心款式的，这样就可以让旗袍有一种透气的感觉。

荒歌古法分体旗袍

第 9 章　改良旗袍的造型细节及设计

9.1　改良旗袍的分片剪裁

改良旗袍是指 20 世纪 80 年代以后兴起的一种通过西式剪裁做出来的旗袍款式。这种旗袍是分片剪裁的，所以我们可以看到改良旗袍的肩膀、腰身等都有缝合线的存在。改良旗袍是用几块剪裁好的布拼合在一起进行制作的，降低了制作难度，使旗袍从仅可以定制变成了可以量产的服装类型。

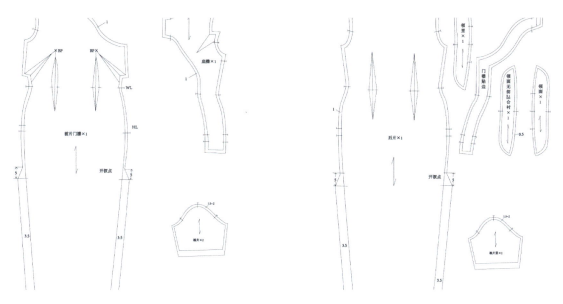

改良旗袍分片剪裁示意图

改良旗袍

9.2 改良旗袍的领型

如今改良旗袍会将领型制作得宽松一些，前面下落得更多，使脖颈空间更大一些，穿着起来更为舒适。

改良旗袍的立领

9.3 改良旗袍的肩袖

改良旗袍的肩袖是分开剪裁缝制的，所以改良旗袍的肩袖像西服一样，很挺括。

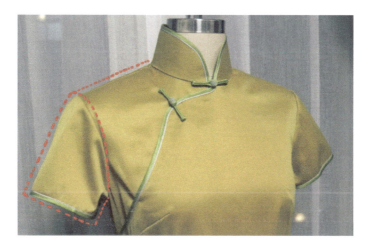

改良旗袍的肩袖

9.4 改良旗袍的前襟

改良旗袍的前襟有很多种，有和传统一样的，全侧开，但是大部分是假前襟，即前襟仅是一种装饰，真正起到穿合作用的是侧面的或者背后的拉链。

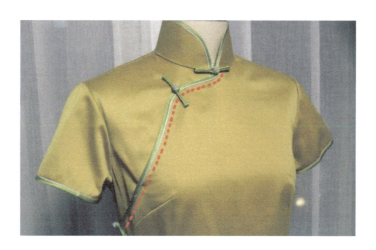

改良旗袍的前襟

9.5 改良旗袍的开衩

改良旗袍的开衩点很高,这是为了方便行走,因为旗袍是比较紧身的服饰,如果没有这个开衩,走路很容易摔倒。还有就是为了展现女子身材曲线的曼妙,让穿旗袍的女性的腿部线条更漂亮。

改良旗袍的开衩

9.6 改良旗袍的里衬

改良旗袍的里衬有两种,一种是贴在真丝面料里面的真丝衬,这层真丝衬会让面料更加挺括,容易制作;还有一种里衬,是和面料缝合在一起的。

改良旗袍的里衬

第 10 章 旗袍的面料

10.1 旗袍面料的特点

古法旗袍的面料，最开始都采用纯天然的面料，比如真丝、棉麻，现如今开始采用毛呢、蕾丝等。古法旗袍没有办法使用化纤面料，因为化纤面料性能稳定，不因为热胀冷缩进而变化。而古法旗袍是整片剪裁的，所以胸和腰的凹凸都是通过归拔手段，在面料上通过热胀冷缩把曲线做出来的，所以古法旗袍就需要采用纯天然的面料。这种纯天然材质的面料本身性能不稳定，制作难度大，很多部分需要纯手工制作，因此古法旗袍也显得更加弥足珍贵。

改良旗袍对面料没有太多要求，选择范围就不局限于天然面料，理论上讲，任何面料都可以做成改良旗袍。

10.2 旗袍面料的种类

真丝类织物包括绫罗绸缎，又细分为很多种类，有双绉、乔其纱、桑波缎、素绉缎、顺纡绉、双宫丝/绸、塔夫绸、绢纺、柞蚕丝、花罗，等等。真丝面料手感滑爽，穿着舒适，富含天然蛋白质纤维，有益于人体健康。但真丝面料天性比较"娇贵"，耐光性差，强度比毛高，但抗皱性差，不耐磨。选择真丝面料的衣服以宽松为宜，如果过分紧身或穿着人动作幅度过大，很容易造成"劈丝"或"勾丝"等问题，需要小心打理和爱护。

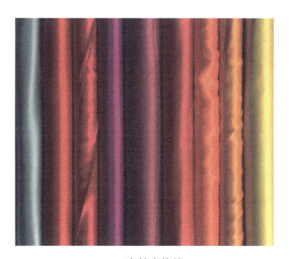

真丝素绉缎

真丝双绉

真丝顺纤绉

真丝绒这是旗袍常用的高端面料,有着滑腻入骨的触地,给女人肌肤完美呵护。其柔和舒适,给人一种舒服贴心的感觉,其高贵气质在旗袍的呼应中变得典雅而柔和,流露着满满的浪漫韵味,为整体穿搭融入了一点点柔美及优雅味道。

真丝绒

织锦缎

织锦缎表面光亮细腻,质地紧密厚实,有轻微凹凸手感,光照下色泽会有变化,十分华美,纹理浑厚优雅。

香云纱为原生态传统面料，冬暖夏凉，十分环保，属于真丝中比较高端的品种。坯布为100%桑蚕丝，由广东特有植物"薯莨"染织而成，前后共有30多道工序，染织晾晒需要60多天，有一种与生俱来的大自然气息，色泽古朴怀旧，非常适合古典韵味的知性女子。香云纱有易干的特性，抗皱性和还原性都较普通真丝好，属国家非物质文化保护遗产。

香云纱

毛呢富含蛋白质纤维，光泽柔和自然，手感柔软，比其他天然纤维更有弹性，抗折皱性好，熨烫后有较好的褶皱成型和保型性。保暖性好，吸汗及透气性较好，穿着舒适。

毛呢

第 11 章 古法旗袍的制作流程

11.1 制作工具

旗袍制作工具简单列举如下。

60cm 双边放码尺,用于制版、辅助剪裁。

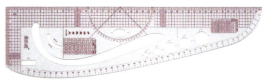

剪裁尺,用于制版、辅助剪裁。

软尺,用于测量人体尺寸或面料数据等,辅助剪裁。

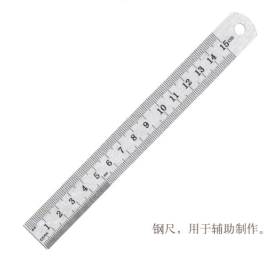

钢尺,用于辅助制作。

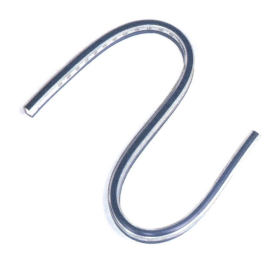

蛇形尺,用于绘制不规则曲线。

剪刀,用于剪裁面料。

小纱剪,用于剪线头。

锥子，用于拆除缝合线、挑领尖、挑衣摆角、挑出缠绕在缝纫机上的线等，也可在缝纫时用来轻推面料，以防止面料起皱。

熨斗，用于熨烫面料。可平熨、劈缝熨、归拔、折边等。

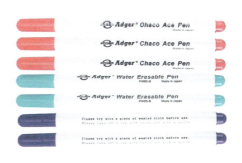

画粉，用来在面料上画线，以辅助剪裁和制作。

水消笔，用来在面料上做标记。

缝纫线，用于旗袍缝制。

针插，用于存放珠针。

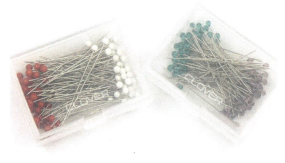
进口珠针,用于固定面料。

手缝针,用于手工缝制旗袍细节。

刮刀,用于刮糨封边,防止面料脱丝。

挂烫机,用于最后整烫旗袍。

11.2 "浮生"旗袍设计与制作

成品图

成品图近景

旗袍上身图(摄影师黄璟)

11.2.1 款式说明

"浮生"旗袍为双层旗袍,配衬裙穿着。下面仅介绍单层旗袍的制作方法。

11.2.2 材料准备

准备乔其纱面料三米、领衬布一块、糨糊一碗、黑色和酒红色素缎各半米、珍珠扣头若干。

11.2.3 成品规格

尺寸表供大家参考,具体数据不展示。

成品规格		6. 袖窿		12. 胸下围		18. 臀围	
1. 领围		7. 袖肥		13. 前胸高		19. 臀高	
2. 上领围		8. 袖口		14. 前上衣长		20. 大腿围	
3. 领高		9. 腋下围		15. 后上衣长		21. 前衣长	
4. 半肩		10. 胸围		16. 腰围		22. 后衣长	
5. 半肩膀		11. 乳间距		17. 腹中线		23. 开衩	

11.2.4 排料及裁片

面料剪裁排料示意图

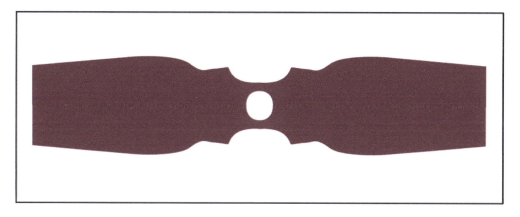

衬裙剪裁排料示意图

11.2.5 工艺流程

1. 剪裁。包括前后一整片、底襟、领子。

2. 合大身。包括挖领口、上底襟、合侧缝、上领子，此时所有用线均为粗缝，便于修改。

3. 试大身。上身试穿并调整至合身。

4. 修改大身。

5. 细节制作。包括缝制绳边、花扣、花边等。

6. 整烫检查。

7. 钉扣。

8. 完成。

11.2.6 缝制方法与过程

1. 将一块面料，先顺着纵丝对折，再顺着横丝对折，这样显示的面料为 1/4 大小。然后画片、剪裁，如下页图所示。

1）领长（净尺寸）

2）袖长（加 3～4cm 松量）

3）胸围（加 4cm 松量）

4）腰围（加 2cm 松量）

5）臀围（加 4cm 松量）

6）下摆宽度（按设计要求）

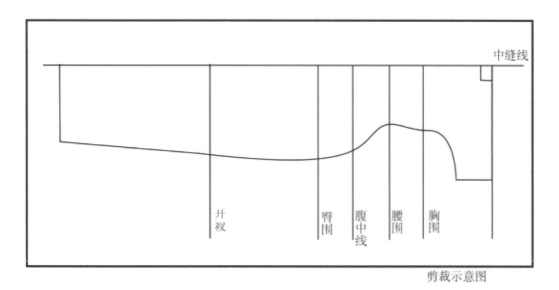

平裁古法旗袍画片剪裁示意图

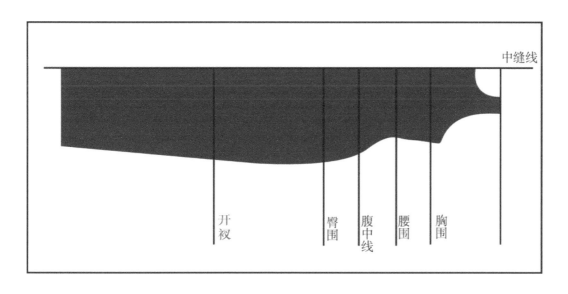

平裁古法衬裙剪裁示意图

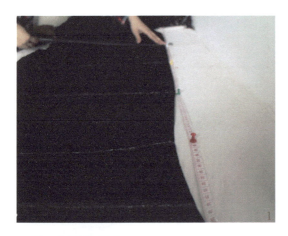

按照画好的线剪裁

进行底襟的画片和剪裁

在面料上按照尺寸画好线条

在面料边缘 0.5cm 处刮糨糊,以防面料脱丝

2. 合大身。

1) 上底襟。

底襟部分示意图

沿着旗袍的前胸小片边缘，以及右侧后面作缝，缝上底襟

2) 合侧缝。

用粗缝方式把前后片缝合，留下右侧开襟

3) 绱领子。

剪裁波浪形领衬且一面粘上真丝里布

在领衬没有贴布的一面进行刮糨

将刮糨的一面也粘上真丝里布

在最下面留 1cm 作缝，其他不留作缝，沿边剪下

PART 03　旗袍的制作及剪裁工艺

然后粘到红色里衬同色的真丝料子上

留 1cm 作缝剪下红面料，把上侧领围部分包裹、粘好

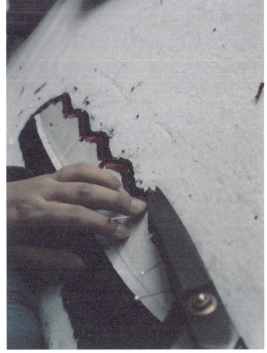

再贴到黑色面料上，依旧留 1cm 作缝、修剪，如上，用作缝包裹好上侧领围

- 119 -

内侧面贴上红色真丝里布,修剪好,裸领做好了

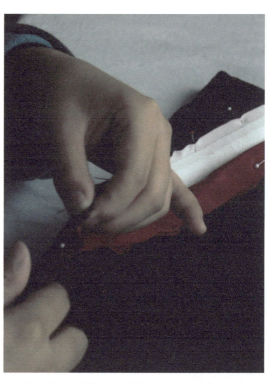

把下领围留的 1cm 作缝,缝在旗袍领口上

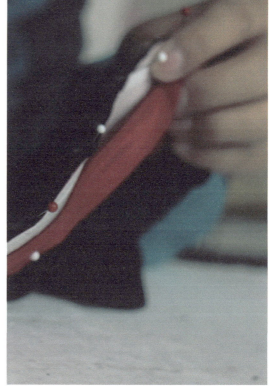

用针别好再缝不容易出错,并且缝出来的领子会平整

注意事项：前大襟与暗襟连接处除作缝外，留空0.5cm（见下图）。

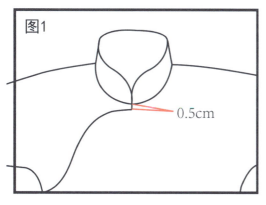

连接处留空示意图

3. 试大身。上身试穿并调整至合身。

穿在身上，依次检查领口、袖口、腋下松紧，是否可以自由活动；检查袖长、衣长是否合适；检查下摆是否对齐等。

4. 修改大身。按照试大身时修改要求进行修改，大线全部拆除，开始进一步制作。

11.2.7 旗袍细节制作

1. 归拔处理。

先"归"收腰，在腰剪口至臀剪口处根据面料收 1.5～3cm 不等。

再"归"下摆，开衩剪口以上 5cm 至下摆以上 5～7cm，根据下摆长短收量 1～3cm。

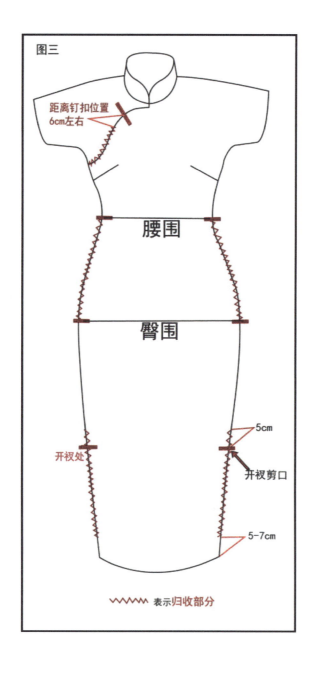

最后绷线、上人台核查、车缝、手针扦边。

2. 绲边制作。

用大线绷完下摆后,调整前襟,准备上绲边(绲边按设计要求制作)。

手针扦边要求针距为0.2cm,针距均匀。

顺序是领子—前襟—侧襟—下摆—袖口。

准备绲边条(具体制作请参考前面相关章节)

进行绲边的缝制

双色绲边效果

3. 旗袍盘扣的制作。

细节效果　　　　　　　　　　　　花扣成品图

侧身一字扣效果图　　　　　　　　上好珍珠的花扣示意图

4. 整烫检查。整烫时不要用力拉拽，尤其注意需要归、拔的各个部位，要求干净、整洁、无褶皱。

11.2.8 钉扣

制作要求（盘扣总量为单数）如下：

1. 领钉错后 0.2cm。

2. 花扣 2/3 在上面，1/3 在下面，具体视花扣而定。

3. 前襟扣位置在前襟转角错里 1cm，且与胸点垂直（图 4）。

4. 腋下一字扣为 45°角（图 5）。

5. 开衩上为最后一个一字扣的位置。

6. 扣头在前片，扣头与包边对齐；扣袢在后片，与合缝线多出半个扣眼钉。

7. 每两个盘扣中间加一个按扣为侧身。

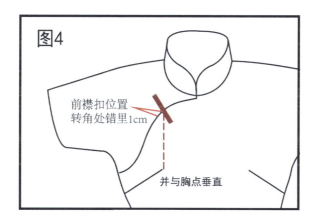

图4

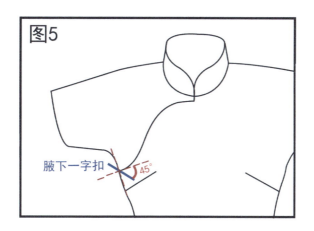

图5

11.2.9 旗袍制作完成

成衣质检要求如下：

1. 整件旗袍在制作过程中不得有拉拽变动。

2. 干净整洁、无污渍、无褶皱、无线头、无画粉印。

3. 绲边整体平整、宽窄一致、饱满。

4. 钉扣牢固、美观、整齐统一，针距一致，扣眼松紧适中。

5. 开衩统一为宝剑头形状，平整美观。

配好里衬的旗袍成品效果图

第 12 章 改良旗袍的制作流程

12.1 制作工具

制作工具有大剪刀、手缝针、喷水壶、缝纫机、烫凳、尺子、大头针、拉链、包边机、顶针、弯嘴钳子、镊子、锥子、粉袋、画片、翻带针、熨斗等。

12.2 改良旗袍设计与制作

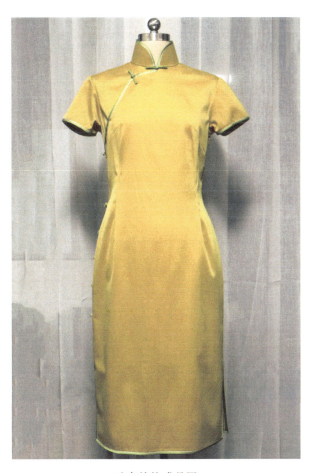

改良旗袍成品图

12.2.1 材料准备

需准备改良旗袍纸板、黄色面料 1.5m、银色素缎 0.5m、秋香绿色素缎 0.5m。

改良旗袍制作材料

12.2.2 成品规格

成品规格表（号型 160/84A）

单位：cm

部位	衣长	胸围	腰围	臀围	腰节	领围	臀高
尺寸	110	88	72	96	38	38	17.5

12.2.3 排料及裁片

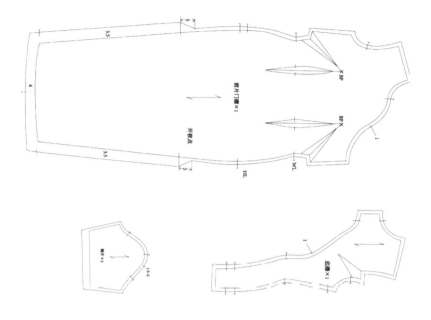

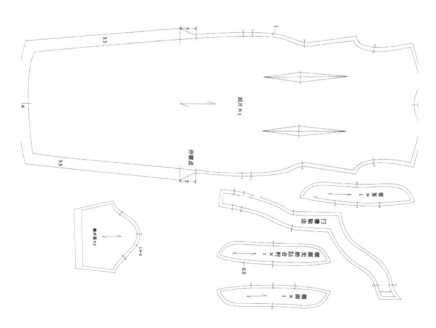

改良旗袍版式图

我们把上图按照测量尺寸修正调整好,画到版纸上,然后剪裁下来。再用版纸把图形拓到面料上。

拓版到面料上面

将拓好的面料剪裁下来,如下图所示:

剪裁排料示意图

12.2.4 工艺流程

短袖旗袍制作流程如下：

一）前后身面料缝制：复印缝口、打线丁；缝合省缝并扣烫；烫拔并贴牵条。

二）缝合侧缝并劈缝：缝合门襟贴边，扣烫开衩、底边并固定。

三）里料大身缝制：缝合前后片省缝并扣烫；缝合侧缝并劈缝；扣烫开衩缝份；扣烫底摆并缝合固定；扣烫门襟贴边处缝份。

四）零部件缝制：复印袖片、领片缝口，打线丁；熨帖领衬并缝合领片；分别缝合袖片并扣烫。

五）将底襟与本料缝合并扣烫。

六）敷里子。

七）绱领子。

八）绱袖子。

九）做盘扣并钉缝固定。

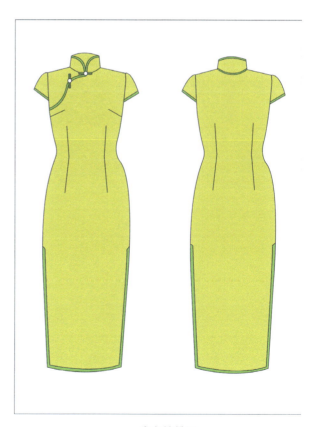

成衣效果图

12.2.5 缝制流程

检查裁片：在缝制前检查裁片的质量和数量，并依次摆放整齐。

（一）缉省、烫省

（1）缉省：其作用是收腰，让面料更贴合腰身，按画粉标记线缉省，尽量与人体体型相吻合。

（2）烫省：高档面料精加工省缝不烫倒，要从中间分烫，省尖不歪斜。中低档面料省缝倒向中缝线。

使用缝纫机缉省中

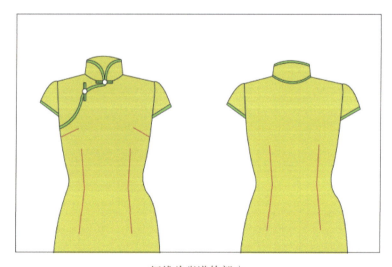

红线为省道的部分

（二）归拔前、后衣片

（1）前衣片：对于腹部突出的体型，需在腹部区域拔出一定的弧度，注意操作时需在胸部垫一块布。

（2）后衣片：拔开侧缝及中心线的腰部区域，并配合体型的要求拔出背部曲线。当整体归拔处理时，在后背相关部位用大头针固定，通过腰臀部位的归拔使衣片符合人体的自然状态。

使用熨斗，使劲拔开需要的部分

（三）贴牵条

牵带选用薄型、有纺直丝黏合衬，使用1cm宽的牵条将其作缝固定。

牵条

贴好了牵条的片料（黑色为牵条）

（四）做底襟

将底襟止口按预留的缝份扣净，用三角针缲缝固定。

剪裁好的底襟片料

除去要缝在大身上面的部分，另外几侧回扣再回扣，用缝纫机缉好，为扣净。

（五）缝合前后衣片肩缝、侧缝

（1）将前、后片正面相对，前、后分肩线对齐，按净缝线缉缝，后分肩线略有吃势，注意不要拉长肩线，缝合后分缝熨烫。

（2）缝合旗袍前、后片侧缝至开衩止点，缝合时对准前、后片对位点，侧缝分缝熨烫。

PART 03　旗袍的制作及剪裁工艺

进行前后片的两侧和肩缝缝合

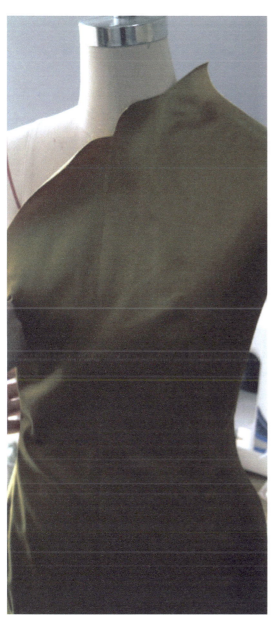

衣片先在人台比对好

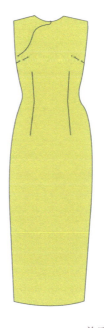
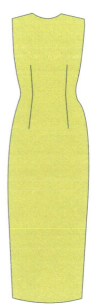

前后片示意图

12.2.6 绱绲边

将正45°斜边布在衣片正面按设定的宽度车缝，翻正熨烫，在反面用缭缝针法固定绲条。

车缝绲边条

制作绲边条

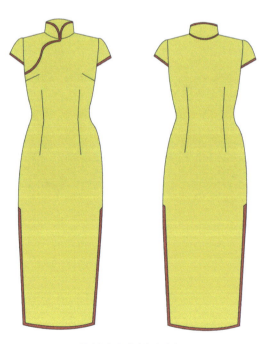

绱绲边条位置示意图

12.2.7 绱领子

把领子放在衣片上,领面与衣片的正面相对,将领面的领下口与衣片领窝对齐,缝合。

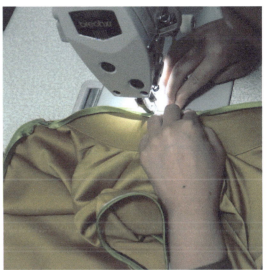

给缝好的领子上绲边

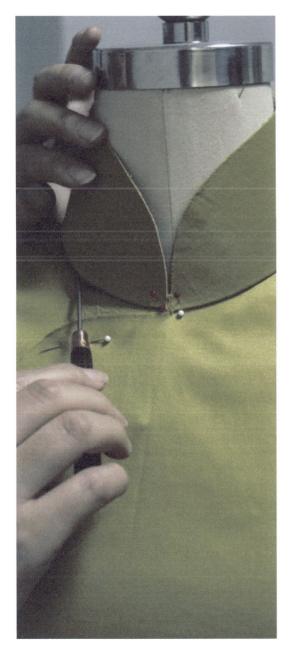

给领子定位缝制

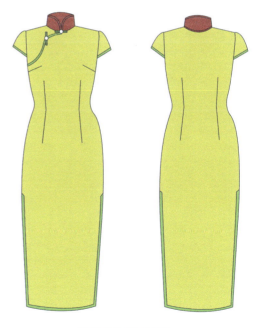

绱领子位置示意图

12.2.8 绱袖子

将衣片袖山套入袖窿内,袖山顶的剪口与衣身的肩缝对齐,袖缝与衣身的摆缝对齐,然后叠齐袖山与袖窿的缝份边,沿袖窿圈缉缝。

绲边好的袖子片料

把袖子缝到袖窿上

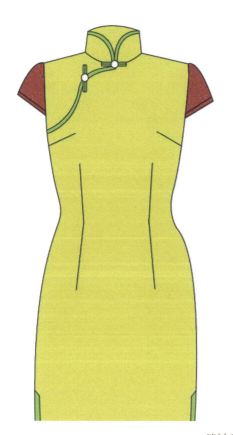

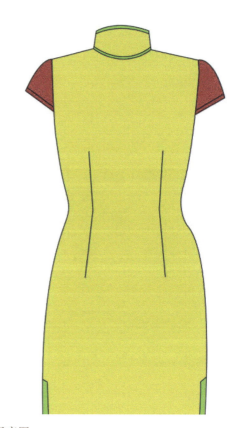

绱袖子位置示意图

12.2.9 两侧开衩止口点处封结

边角处进行宝剑头的缝制

12.2.10 钉扣

手工制作盘扣，钉在门襟、领口、侧身等位置。

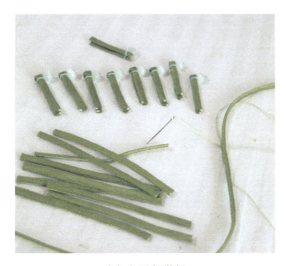

先把扣子都做好

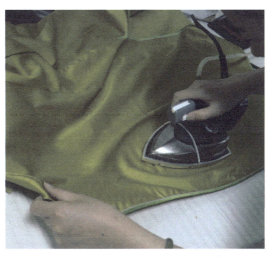

把没有上扣子的旗袍先整烫一遍

12.2.11 旗袍完成

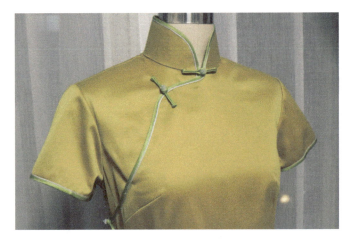

再次整烫旗袍，完成

改良旗袍完成图

PART
04

旗袍的设计及案例解析

第 13 章　定制旗袍设计案例解析

13.1　定制旗袍设计流程

1. 分析客户的性格以及旗袍的使用场合。
2. 选择面料。
3. 确定旗袍尺寸。
4. 进行镶嵌绲等的设计。
5. 制作成衣。

13.2　"浮生"旗袍设计范例

荒歌生活照

13.2.1 详细分析客户，制订设计方向

本人是一名古法旗袍设计师、大学讲师，有时候还会做导演，拍短片和动画片，这些工作需要带领团队或者在课堂上讲课，那么稳重大气的风格是很合适的。性格比较外向、风趣，从事艺术行业，所以又不喜欢过于沉稳的风格，希望有一件非常稳重，但是又不老气，有风韵的旗袍。

13.2.2 根据客户风格选择面料

本人是非常喜欢黑色的一个人，因为经常讲课，需要打扮得稳重。但是由于黑色会显得沉闷，而本人性格其实比较开朗，所以，选择酒红色这样热情的绲边和里衬色，稳重却不失热情。

因为本人并不瘦弱，如果大面积使用黑色，会显得过于闷，所以最终选择了黑色镂空真丝绣花乔其纱面料。里面的衬裙是吊带形式的，通透而不沉闷；酒红色的里衬也会隐隐透出来，凸显质感。

黑色镂空真丝绣花乔其纱面料

酒红真丝素缎里衬料

13.2.3 旗袍设计效果图绘制

13.2.4 领型和盘扣的选择

为了使旗袍更有韵味,选择了波浪领型,这样会让人更有曲线,更有女人味。前襟的小花扣是红色的,像花苞一样点亮了领口;加上的珍珠的珠头,让整体的黑色更有亮点。

绲边细节和盘扣的选择设计

13.2.5 排料及裁片

根据本人要求,旗袍长及小腿肚,开衩在膝盖上面10cm。确定好尺寸,然后进行面料剪裁排料。

面料剪裁排料示意图

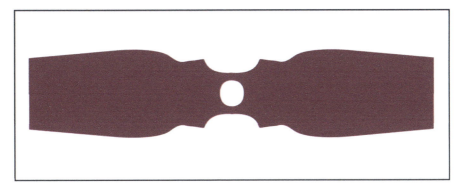

衬裙剪裁排料示意图

13.2.6 旗袍大身缝制

古法旗袍的大身制作,是指剪裁之后,附上里衬,用大线假缝起来,有个衣服的样子,然后试穿,再进行调整的过程。

在面料上按照尺寸画好线条

按照画好的线剪裁

进行底襟的画片和剪裁

真丝边缘的刮糨环节

确定胸点位置和归胸省的量

剪裁领衬且于一面粘上真丝里布

PART 04　旗袍的设计及案例解析

进行领衬没有贴布一面的刮糨环节

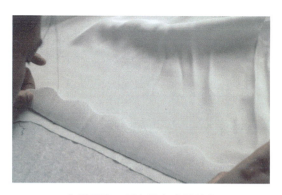

将刮糨的一面也粘上真丝里布

最下面留 1 cm 作缝，其他不留作缝，沿边剪下

然后粘到酒红色里衬同色的真丝料子上

留作缝 1cm，剪下酒红面料，
把上侧领围的部分包裹，并粘好

再粘到黑色面料上，依旧留 1cm 作缝，
修剪，同上，用作缝包裹好上侧领围

- 147 -

内侧面粘上酒红色真丝里布,修剪好,裸领做好了

上领子

就是把下领围留的 1cm 作缝,缝在旗袍领口上。

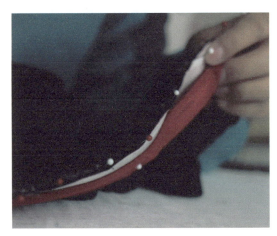

用针别好,再缝,不容易出错,缝出来的领子也会平整

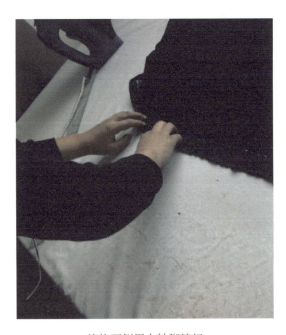

旗袍两侧用大针脚缝好

把底襟缝到大身上,进行衬裙与大身的缝制

13.2.7 试大身环节

试好之后，进行细节的制作，将旗袍的酒红色里衬进行手工上花边

试大身，不合适的地方进行调整

13.2.8 绲边条制作与缝制

准备绲边条

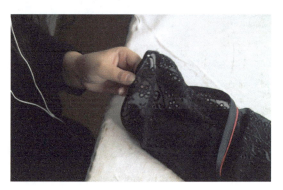

进行绲边的缝制

双色绲边效果

13.2.9 缝制盘扣

细节效果

13.2.10 旗袍成品展示

这件旗袍整体稳重大气,但是因为透出酒红色里衬和适当的肌肤,让整个人有了风情,不沉默死板。

上身效果图(摄影师黄璟)

正常光下透出的里衬效果

13.3 水墨款旗袍设计范例

13.3.1 详细分析客户，制订设计方向

王女士是我们的明星客户之一，她皮肤白皙，有一双大大的眼睛、鹅蛋脸、丰满的嘴唇，身材紧致修长，曾荣获 2016 年环球小姐全国赛区的最佳身材奖。王女士想定制可以穿着去参加活动，又可以去逛书店的具有文化气息的旗袍，希望定制的旗袍感觉稳重但不沉重，不要过于轻浮但也不要老气枯燥。

王女士生活照

13.3.2 根据客户风格选择面料

针对王女士的长相和身材,我们发现合适的款式是很多样化的,主要考虑的是什么样的面料能够达到王女士想要的稳重但不沉重、不过于轻浮但也不要老气枯燥的感觉,并且可以出席活动,还能去逛书店的需求。

冷色调给人稳重、安静的感觉,比如蓝色、绿色、紫色等,但是感觉绿色过于富有生命力,而紫色更加魅惑,所以蓝色是非常好的选择,其中藏蓝色最优。

藏蓝色墨纹真丝雪纺面料

但藏蓝色给人一种沉重老气的感觉,所以我们并不是选择纯粹的藏蓝色,而是选择有水墨纹的花色,这样的颜色有深有浅,不沉闷。这款面料花色轻松又稳重,其质地飘逸轻柔。面料是透明的真丝雪纺质地,而里料用了同样轻柔的电力纺,整件衣服拿起来轻柔如羽。不规则水墨花色具有一定的现代感,让王女士的气质和旗袍也有了完美的融合。

面料透明的质感

13.3.3 旗袍设计效果图绘制

旗袍设计效果图

13.3.4 剪裁排料

剪裁排料示意图

13.3.5 搭配旗袍元素细节

　　首先搭配里衬的花边。由于设计的古法旗袍里衬下摆和外面面料分开，有前后各两层共四层布料，所以里衬下摆的花边很重要。旗袍的面料是真丝雪纺，很轻薄、通透，里衬花边能够透出来，所以选择了和里衬一样的藏蓝色蕾丝花边，以和里衬融为一体，从面料外面看，就像一体的衬裙，在边缘处变成了镂空花边。

细节搭配

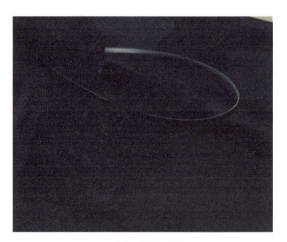

扣条颜色的选择

因为面料属于花色面料,所以绲边最好是单色的,这样看起来就不会过于混乱。于是,用了稳重的藏蓝色搭配花色面料,面料花纹给人感觉外张,但是藏蓝色绲边把这种外张又收住了,保持了感官上的平衡。

扣头的选择

因为旗袍面料的线条多为竖线条,显得人修长,但是又少了点柔和感。于是选择了圆形的小盘扣,它用藏蓝色和白色双色扣条盘制而成,有层次,且和面料颜色呼应,形状又柔和,成为平衡整体花色的点睛之笔。

盘扣成品

领口和胸前的盘扣,像首饰一样装饰着旗袍,却省去了佩戴首饰的奢靡和华丽,穿起来更具有几分素雅书卷气。旗袍长及小腿肚,而袖子并不是很长,采用这种花色,袖子短一点更显年轻。

13.3.6 旗袍大身缝制

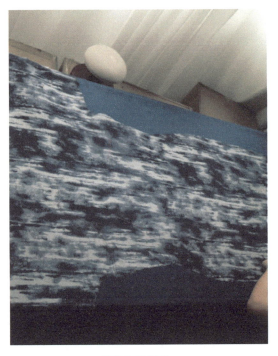
裁片和附里料

剪裁里料

给底襟附里料

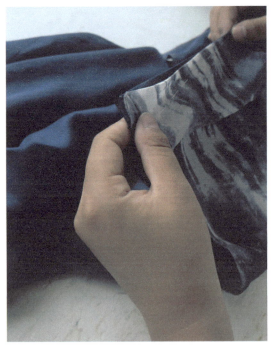
缝合大身

13.3.7 试大身及调整

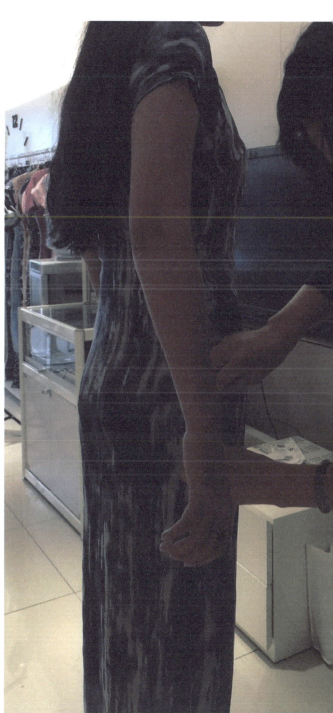

试大身并且调整

13.3.8 旗袍缝制成品展示

成品细节

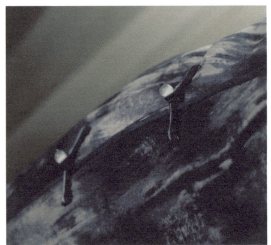

成品细节

成品细节

成品细节

PART 04　旗袍的设计及案例解析

成品细节

成品细节

成品图

成品图

- 161 -

13.3.9 旗袍上身展示

第 14 章 其他旗袍设计案例解析

14.1 "燕尾蝶"旗袍设计范例

1. 详细分析客户，制订设计方向

吴女士是一位艺术专业的讲师，也是时尚达人和模特，她的一颦一笑都透露出女人味和艺术气质。

吴女士脸小，脖子长，有一双含情杏眼、一个精致的鼻子和下巴、一张丰满的嘴巴，她的身材很有曲线。她希望自己穿着旗袍之后显得脸小，身材更纤细一些；希望旗袍能够在讲课和平时出门时都可以穿；希望旗袍能和她的气质融合在一起，但不要过于古板。

2. 根据面料画设计图以及细节搭配

和吴女士沟通且看到了她的容貌和身材之后，我脑中第一闪念的就是黑色，黑色太适合这种具有艺术气质，又有点神秘感的美女，而且非常显瘦，会让吴女士的身材显得纤细。

很多女性是不太敢尝试黑色旗袍的，因为旗袍本身就是容易显得更加稳重的服装，再加上黑色，如果不是气质过人的女性，一般是很难驾驭黑色旗袍的，但是黑色穿得好的话，也是非常出彩和经典的。

黑色真丝面料种类太多了，光泽过于强烈的缎面会产生过于华丽的感觉，而过于厚重的面料容易显得太沉重和臃肿，而轻薄垂感好，光泽又不是非常强的真丝面料中，双绉是首选。这次设计的是单层旗袍，因为单层旗袍更加轻便，适合通勤穿着。

为了更好地突出旗袍的质感，我在这件黑色旗袍的绲边处做了一点改动。这件旗袍用了黑色的绲边，但是只是绲了一半，袖口和下摆没有绲边，而是改成了黑色的蕾丝花边。有了花边，整体视觉上灵动很多，并且镂空花边的若隐若现，映衬着吴女士的神秘和女人味。

黑色双绉面料

3. 剪裁排料

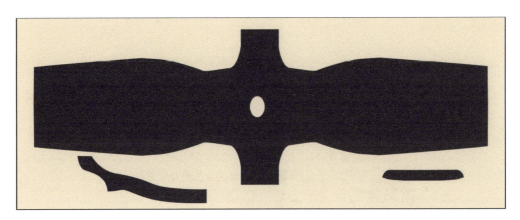

剪裁排料示意图

4. 领型和盘扣的选择

整体都是黑色的,并且下摆的花边更加吸睛,这样会显得视觉重心靠下。为了让亮点上移,让旗袍穿起来更加提气,于是在领子部分加入了蓝色的花边,让领子和前襟更加吸引人,这样整件旗袍就有了层次。单独的蓝色花边领子又显得有点突兀,于是将一字扣做成了双色的(黑色和蓝色),并将盘扣的扣头换成了蓝色玉髓石,这样就与蓝色的花边领子有了呼应关系。

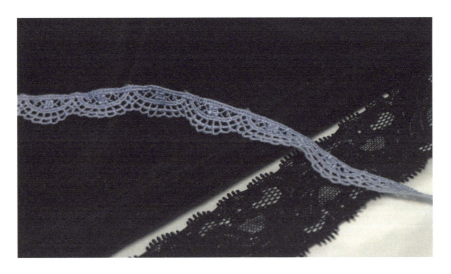

细节搭配

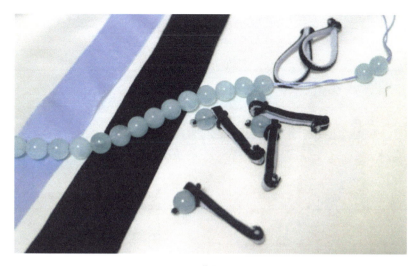

细节搭配

　　这件旗袍之所以只做了一字扣，而不做花盘扣，是因为旗袍采用了没有花色的黑色面料，而领子上的花边在大面积纯黑色的衬托中已经显得很花哨了，如果再加上花色的扣子，就会让整件旗袍头重脚轻。

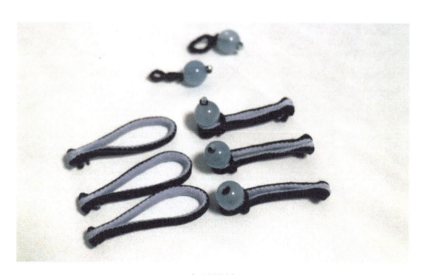

扣子设计

　　音乐有节奏，绘画有节奏，文学有节奏，电影有节奏，所有艺术品都讲究节奏，如果把旗袍设计当作艺术品，那么设计的节奏尤为重要。这就是我在设计每件旗袍时都非常重视的东西——旗袍设计搭配体现出来的和谐节奏。把面料、花边、镶嵌绳、盘扣、扣头等所有的一切，搭配出让人舒服的节奏。

5. 旗袍设计效果图绘制

旗袍设计效果图

6. 旗袍展示

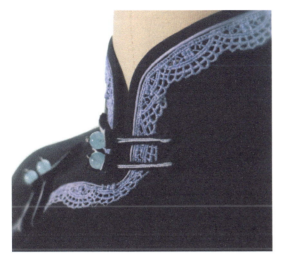

成品细节图

成品细节图

成品细节图

成品细节图

成品图

14.2 白茶花款旗袍设计范例

唐女士日常照

1. 详细分析客户，制订设计方向

唐女士是一名电视台工作者，属于文静乖乖女形象的美女。第一次给她做的旗袍是暮霭款的，暮霭款旗袍十分凸显气质，她穿着之后大受好评。

后来她决定再做一件带花色的旗袍，让她看上去更亲切、柔美一些。

唐女士虽然身材修长，鹅颈削肩，但是身体线条却很圆润、流畅。她有一双柔和的圆眼睛和一张小嘴巴，肤白貌美。她具有东方的美感，适合穿柔和的服装。所以，她非常适合穿旗袍，并且是清雅浅花色的旗袍。

2. 根据面料画设计图以及细节搭配

根据前期沟通和客户需求,我为她选择一款清淡花色的旗袍,并且做成中袖、中长款式的旗袍。

白色茶花真丝双绉面料,光泽感较好,有微微的肌理感。这款面料光泽柔和,更显好气色。

这款面料的底色是米白色,米白色不像大面积纯白色过于干净而显得脸发脏,而是柔和地和肤色衔接,令人散发出温柔的气质。

在这种米白色的底色上,有一朵朵纯白色茶花,小面积的纯白色不会显得脸色不好看。纯白色茶花非常纯净,和米白色的底色拉开层次,让花朵有一种跃然而上的感觉。在两层浅色的间隙,还有绿色的叶子以及细细的棕色的藤蔓做点缀。虽然叶子和藤蔓的颜色略深,但是由于它们面积小,反而让面料的花色更为生动。这样素雅的配色,让花朵的图案也显得十分清新、雅致。

印花真丝面料

原本选的是绿色底的面料,但是和唐女士的肤色做对比之后发现,绿底色有些暗沉,于是换成了米白色底的面料。

3. 旗袍设计效果图绘制

绘制的旗袍设计图

4. 排料及裁片

剪裁排料示意图

5. 搭配旗袍元素细节

选择了和叶子绿色相近的绿色单绲边。因为这件旗袍主要是突出亲切、清新的邻家精致美女的感觉，并且已经有花色面料了，所以配简单的绲边就足够了。

里衬和花边配色

细节配色

领口和胸前的盘扣，选择的是蝴蝶盘扣。白色的茶花，搭配的是"在花丛中飞舞的蝴蝶"盘扣，这种呼应式设计让旗袍更加有动感。

盘扣设计

最后加上粉色玉髓的扣头来做点缀。也许很多人会问，这件旗袍内外都没有粉色，这么使用粉色会不会突兀？其实旗袍的设计，一定要建立在穿着之人的基础上，不能脱离人体单独存在。唐女士面如桃花，这粉色扣头正是为了呼应她的肤色唇色而设计的。

6. 进行大身缝制及调整

7. 最后制作，旗袍展示

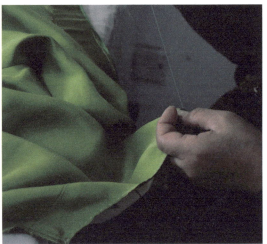

成品细节图

PART 04　旗袍的设计及案例解析

成品细节图

成品图

14.3 "初见"旗袍设计范例

林芬日常照

1. 详细分析客户,制订设计方向

林芬是一个 21 岁的年轻女孩。很多人觉得年轻的女孩不适合穿旗袍,只有上了年纪才能穿出旗袍的味道,其实不然。年轻的女孩也可以穿旗袍,穿对了适合自己的旗袍,依旧是非常年轻、俏丽的。林芬是个山东姑娘,个子高挑,笑容甜美,健康阳光。

林芬想做一款粉嫩柔和,适合年轻的自己的礼服旗袍。因为有时候会参加一些活动场合,需要穿礼服。

2. 根据客户风格选择面料

林芬的肤色属于小麦色，这种肤色如果穿得好，会显得好看，如果颜色选不好，会显得脸色暗沉。并且对冷暖色彩也有挑剔，如果用冷色系，会显得脸色更加发黄，但是如果用浓度高的暖色系，就会显得成熟，不够年轻。

在各种权衡之下，最终选择了这款裸粉色的面料，裸粉色的面料会让人显得柔美、年轻。这款面料属于绣花乔其纱材质，相比其他面料，这种材质介于蕾丝和素面真丝面料之间，不过于华丽，也不会过于素净。因为这件旗袍是想作为礼服来穿着，用蕾丝面料的话，对于年轻女孩来说过于华丽；而素面真丝面料的光泽太明显，易显得气色不好。而真丝绣花乔其纱面料吸光性很好，表面不是非常有光泽，刺绣的花纹显得非常精致。同时选择同色系的粉色真丝素缎来做里衬，整体搭配简单、干净、素雅。

绣花乔其纱面料

粉色真丝素缎里衬

3. 旗袍设计效果图绘制

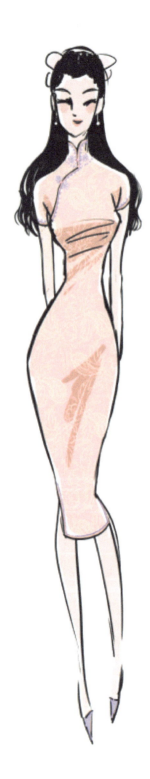

旗袍设计效果图

4. 排料及裁片

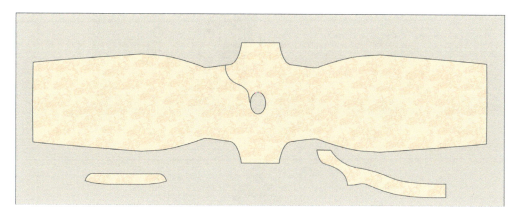

剪裁排料示意图

5. 最后制作，旗袍展示

旗袍细节展示

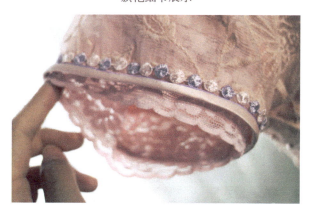

旗袍细节展示

旗袍细节展示

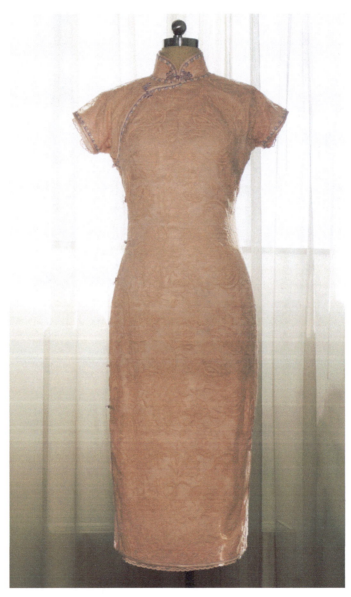

旗袍成品图

旗袍上身图

荒歌古法旗袍(摄影师黄璟)

14.4 浅唱款旗袍设计范例

1. 详细分析客户，制订设计方向

宋女士长着一张典型的中国传统美女的脸，大眼睛，樱桃小口，白皙，清瘦，又很有古典味道。平时不喜欢化妆，也不喜欢花哨的打扮，喜欢简单利索的风格。

她拥有传统的上身更为清瘦的身材，鹅颈削肩，但是她自己却感觉肩膀窄，显得人太瘦，显得头大。

因为她很白皙，所以可以选择的面料颜色就非常多。她长得很古典，所以更适合柔和颜色的面料，轻薄又飘逸。她想让肩膀看上去圆润一些，所以袖子最好做成半袖，不宜太长，也不宜太短；并且包住肩膀，让肩膀更显圆润，整个人的气质才显得更加恬静、温婉。

宋女士日常照片

2. 根据客户风格选择面料

裸色小波点真丝乔其纱面料和裸粉
色真丝素缎里衬料

古法旗袍的用料非常讲究，一般是使用真丝或者蕾丝面料，因为全身没有胸省、腰省，所以对面料要求比较高。蕾丝面料对于宋女士的不复杂、不华丽的需求显然不是很合适，所以我们为她选择了裸色的真丝波点乔其纱面料，里料搭配低饱和度裸粉色的真丝素缎面料。

真丝素缎面料，非常具有光泽，而且很舒适，但是光泽过于华丽，所以拿它来做里料非常合适。面料是真丝乔其纱，它把素缎的光泽遮挡了50%，所以只有在阳光下才能看到高级的里料光泽，这样隐约的光泽非常动人，具有很含蓄的东方美。

3. 旗袍设计效果图绘制

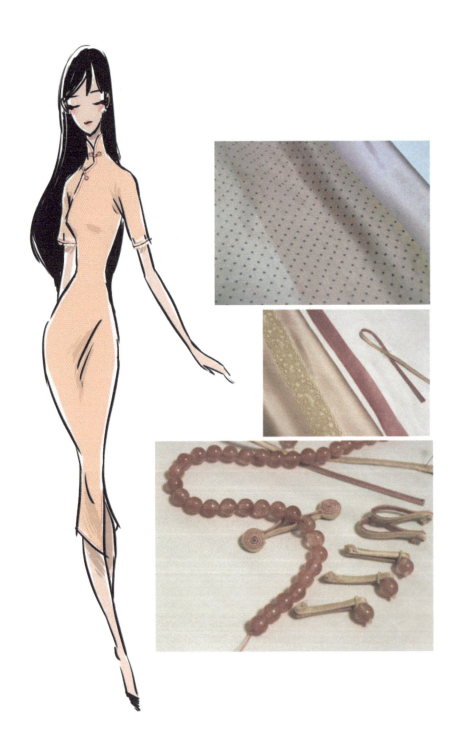

4. 排料及裁片

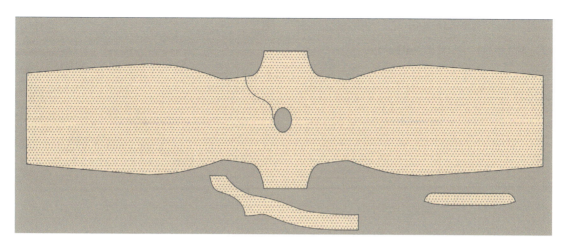

剪裁排料示意图

5. 搭配旗袍元素细节

这件旗袍已经确定了裸色的基调，于是选用了浅色内衬花边，以及和里衬一样颜色的真丝绲边，这就让整件旗袍的配色看上去很和谐，很有整体感，但是颜色有层次，不是一个颜色，所以也不会显得死板。

如果全是裸色的话，会显得旗袍过于素，于是配了一道饱和度较低的肉粉色嵌边，让整件旗袍的设计显得有一点点粉嫩的气息。并不是所有嵌边都不能突出，要因人而异，因为宋女士以淡妆为主，所以旗袍的配色如果过于夸张，反而会喧宾夺主。旗袍的主要作用是衬托出主人独特的气质，让主人更加美丽。

由于宋女士有一种大家闺秀的感觉，所以放弃了小花朵等花哨的扣子类型，但一字扣又过于朴素，于是选择了单圆圈的软盘扣，正好与面料的圆点呼应，并且圆形的小扣更显得温婉可人。

为了让这件衣服更加年轻、灵动，我并没有选择传统的算盘头的扣头，而是使用了粉色玉髓宝石来做扣头，让衣服上的粉色点缀除了有嵌边这个线条，还有珠子的点缀，层次丰富，突出设计主题。领子的高度是比较适中的高度，太矮了的话显得宋女士脖子太长，且没有气质；而过于高又太像礼服，不适合本件旗袍的淡雅性。袖长是四分袖左右的长度，这样包住肩膀和大臂会显得宋女士的肩膀更加文雅、含蓄。下摆裙长做到了小腿，如果太短，就会失去东方女性的含蓄魅力了。

6. 进行旗袍大身缝制

剪裁之后，附上里衬，然后用大线假缝起来，有个衣服的样子，给客户进行试穿，随后再进行调整。

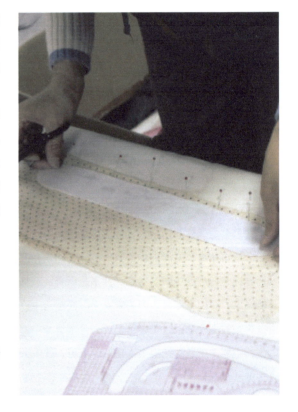

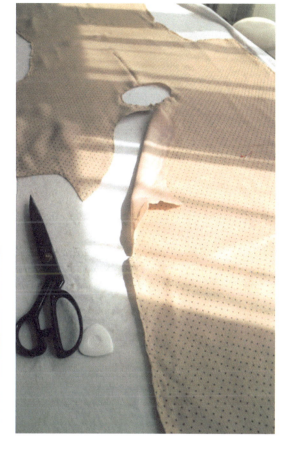
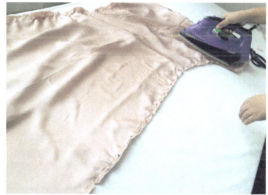
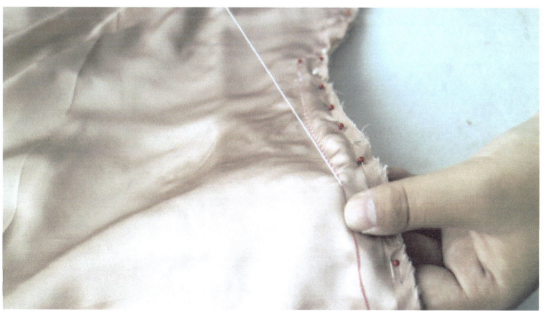

7. 旗袍成品展示

PART 04　旗袍的设计及案例解析

14.5 "心弦"旗袍设计范例

1. 详细分析客户,制订设计方向

星星和东方传统美女不一样,星星的样子更具有国际范儿,所以星星总是喜欢穿时尚的服装,喜欢冷色系的服装。由于工作需要,经常会出席一些宴会场合,所以她希望能有一件冷色、显瘦、充满华贵气场的小礼服旗袍。所以在设计的方向上,并没有选择清爽年轻的方向,而选择了更加冷艳的方向。

星星日常照

2. 根据客户风格选择面料

选择面料时，发现了一款非常满意的蕾丝面料。

这款面料有银色、蓝绿色、藏蓝色三色锯齿条纹构成的图案。竖条纹本来就会显得人更加苗条，并且面料有银色的光泽，会显得华贵但不俗气，感觉更加高级和冷艳。这款蕾丝面料是很厚密的，所以选用了银色的内衬裙，虽然看不太出来，但是下摆的银色花边会让设计看上去更有层次。

蕾丝面料

3. 排料及裁片

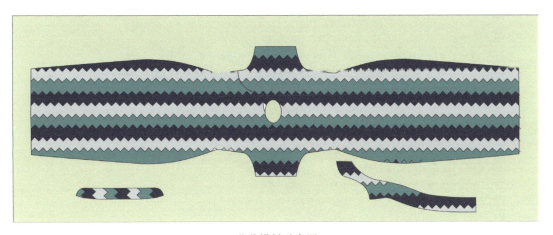

剪裁排料示意图

细节设计搭配图

4. 根据面料画设计图以及细节搭配

在绲边的设计上,我选择了和面料三色一致的三色细绲边,绲边越细小,越精致,越考验师傅的做工,所以这款旗袍在做工上面也属于精品。

绲边设计图

因为面料的竖条纹是比较宽大的三色条纹，在绲边上搭配精细的三色条纹，虽然色彩一致，但是宽窄搭配也产生了节奏感，让旗袍看上去更加漂亮。

这款旗袍面料花色繁复，所以就不要使用项链、胸针了，不然会让整个造型显得累赘。因为省去了首饰，所以选用花盘扣和小花边来将视觉中心点放在上半身，起到首饰的作用。

选用银色的小花边，其银色的细丝结构并不是非常紧实，这就与面料的紧实细密形成了对比，并且将视觉中心锁定在领口前襟上，非常提气。

花边选择

盘扣之所以选用比较大的圆形花型，并且颜色比较整体，是因为这件旗袍的面料和绲边的线条使用得过于多了，想让盘扣是个明显的圆形，以调节整件旗袍在构图搭配上的节奏。其实设计旗袍和绘画一样，要把点线面的构图关系，黑白灰的素描关系，冷暖、饱和、明暗等关系调配好，才能完成一件满意的作品。

花扣设计

花扣成品

5. 旗袍大身缝制

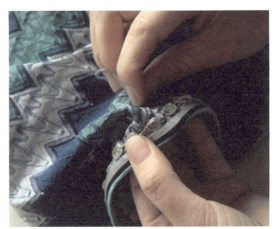
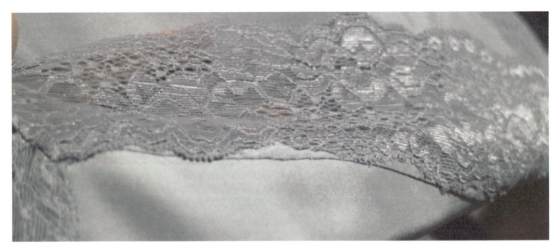

缝制

6. 旗袍成品展示

成品展示

细节展示

旗袍上身图(摄影师 Kasion)

14.6 "烟罗"旗袍设计范例

1. 详细分析客户,制订设计方向

陈鑫是从事外贸行业的高管人员,有很多涉外活动以及社交场合。她认为旗袍是一种非常能代表中国文化的服饰,并且古法旗袍更具有正宗的中国味道。陈鑫女士身材高挑,有一点削肩,有一双圆圆的双眼皮眼睛,一个柔和的鼻子、嘴巴和下巴,有典型的亚洲人肤色,所以选择面料颜色时要谨慎。

陈鑫女士想要一件浅色的旗袍,并且想要柔和的浅色,觉得柔和不突兀的颜色才显得高级。并且希望显得有品质,年轻不沉重,但是也不要显得过于轻飘飘的。

陈鑫日常照

2. 根据客户风格选择面料

我们一起选了一款蕾丝面料,这个颜色有时候会显得没有气色,但是她又非常喜欢这款面料。于是用了一款浅绿色的真丝素缎来做里衬。

蕾丝面料

里衬和面料

红色和绿色是互补色,配在一起可以相互冲淡对方的色彩感。但是这种配色需要非常小心处理,不同的色彩饱和度会产生不一样的效果。过于鲜艳的互补色在一起,会让彼此的颜色更加艳丽,而柔和的互补色放在一起,会相互融合。当然这种定律也不是一概而论的,根据明度、色度、色相的不同会随时调整。

里衬和面料叠合

3. 排料及裁片

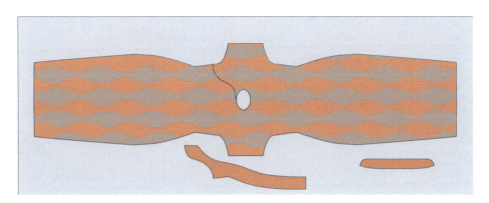

剪裁排料示意图

4. 搭配旗袍元素细节

蕾丝是一种很有质感的面料，当然制作起来难度也很大。在里衬边缘，配上同色系的绿色花边，这样花边露出来的时候和粉裸色的面料形成对比，显得活泼、年轻。当然，这种对比得是小面积对比大面积，如果颜色面积变化了，也要慎重使用互补色搭配。

绲边使用的是三色绲边，有里衬的绿色，有面料的裸粉色，还有更浅的一个裸粉色，这样就会让绲边更加显眼一点，更加精致，让设计更具有层次和轮廓感，也加强了旗袍的线条感。

这款旗袍的盘扣也是点睛之笔。我一般不喜欢使用太多硬盘扣，因为有金属在里面，清洗和保养不方便。但是这件旗袍我使用了半硬盘扣。这款扣子采用绿色绲边的扣条做成福字，外面用裸粉色的硬扣条做成圆圈把福字圈在里面，再搭配上绿色的玉石扣头。这种传统气质的扣子和年轻柔和的配色，更凸显陈女士纤细身材的优美。

颜色搭配

盘扣设计制作

5. 旗袍大身缝制和试大身调整

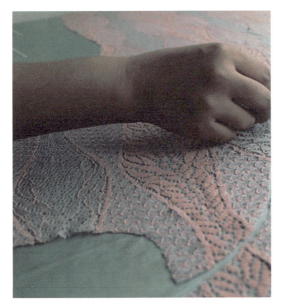

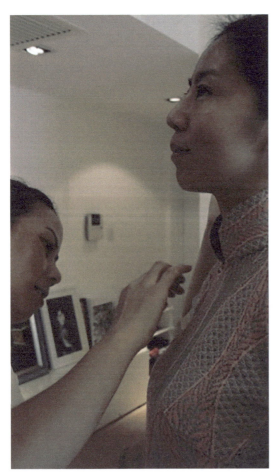
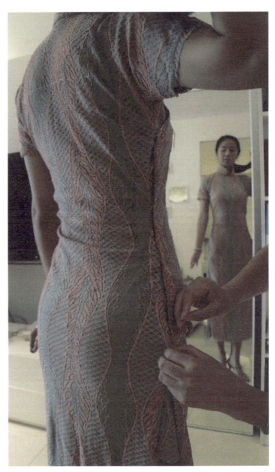

6. 旗袍成品展示

细节展示

细节展示

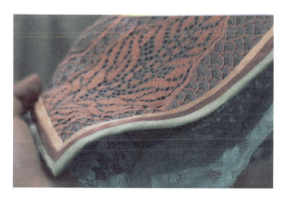
细节展示

细节展示

细节展示

细节展示

成品展示

旗袍上身图

14.7 "芳菲"旗袍设计范例

1. 详细分析客户,制订设计方向

刘可欣女士,是国内知名的动画片导演,她导演的许多动画片都受到了国内观众的喜欢。她经常会参加一些学术活动和交流会,希望有一套适合自己出席场合的服装。刘可欣女士个子很高,也很瘦,脸很小,眼睛细长,经常披着一头浓黑的长发。

刘可欣女士想要一件和自己平时着装风格不一样的旗袍。她说自己很多年没有穿粉色和碎花的服装了,所以她想尝试一下粉色碎花的旗袍,但又担心粉色会显得自己气色不够好。其实,每个女人心中都住着一个公主,粉色是任何时候都可以穿着的,但要看穿哪种粉色,穿对了,在任何年龄都能显得好看。

刘女士日常照

2. 根据客户风格选择面料

粉色分很多种,太鲜亮的粉色不容易搭配,但是我们可以选择。这种粉色看上去有一点灰度,饱和度不是特别高,单独看这个颜色会觉得不太鲜亮,但是由于客户有亚洲人的黄肤色,反而被这种灰粉色衬托得气色粉嫩了起来。

单纯的灰粉色虽然显得脸色好些,但是却不够精神。这款面料上的小白花和红色花心及绿叶,都将这款面料的气质提升了一个度,显得人更加精神。

烟灰粉色印花真丝面料

3. 排料及裁片

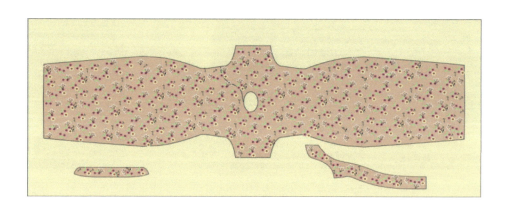

剪裁排料示意图

4.搭配旗袍元素细节

选好了面料,我给这款旗袍选择了更红一度的粉色绲边,因为这样会让花花的面料更加稳定一些。

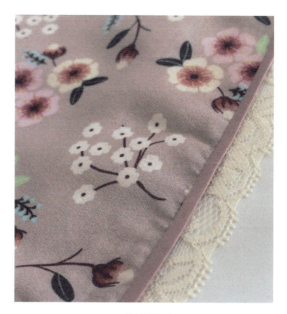

配色设计

而盘扣的设计,则选择和面料图案一致的花朵形状的盘扣,大小也是按照面料的花型进行设计的。因为花朵形状较大,所以我就使用了同色系的颜色做盘扣,这样不会特别突兀,用一句话来形容就是:"远看十分整体,近看妙在其中。"这便符合了设计所追求的、整体性强又不失精致细节的理念。

花扣设计

5. 旗袍大身缝制与试大身调整

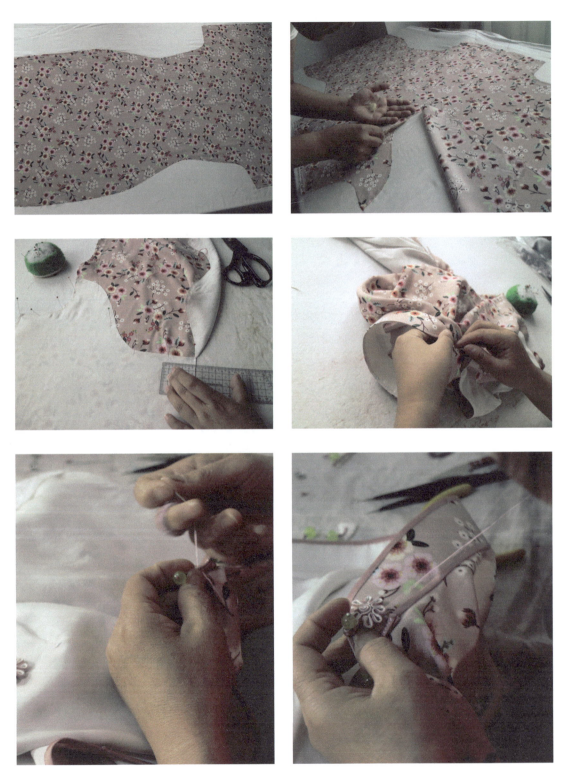

细节制作　　　　　　　　　　细节制作

6. 旗袍成品展示

细节展示

细节展示

成品展示

旗袍上身图

PART 05

旗袍穿搭

第15章 旗袍应该配什么外套

旗袍在中国传统服饰的基础上，融入了西方的审美观念，美得妙不可言。我们了解了古法旗袍的线条美感，想必都知道了为什么这种做法的旗袍那么具有美感。有了旗袍，我们应该怎么穿搭呢？

年代戏中的旗袍与披肩的穿搭

插画

我们在很多年代戏里看到的装扮，基本是这样的：有盘发和披肩，外穿有腰带的羊绒大衣，里面穿旗袍。这种穿搭是很美丽、显气质，但是，我们却不方便整天打扮得像戏中人一样上班、通勤、约会，不然就会感觉穿旗袍是个负担很重的事情。如果为了一件旗袍，还要买戏中的外搭，做盘发……那么眉毛要不要修成细细弯眉呢？想想就很复杂。

事实上根本不用那么麻烦，古法传统旗袍是一种包容性非常强的服装，除了披肩等搭配，还可以有其他风格的搭配。

15.1 旗袍西服搭配

旗袍作为整体性超强的服装，配西服非常合适。这样的搭配适合春秋，并且可穿于通勤和日常。

右图风格过于端庄，如果配时尚一点的西服款式以及时髦的配饰，时尚感立马提升。

西服配旗袍

15.2 旗袍风衣搭配

潇洒的风衣和优雅的旗袍也是绝配,这样的搭配更具有风度。

我们可以搭配更时尚的风衣和高跟鞋,打造出当代女性的时尚感。

年代戏中风衣配旗袍

现代时尚风衣配旗袍

15.3 旗袍大衣搭配

天气寒冷的时候真丝旗袍是穿不住的，得换成羊毛呢料旗袍，外搭也得保暖才行，所以大衣就派上用场了。

羊毛大衣配旗袍

现代羊绒大衣配旗袍

虽然以往的流行款式和现在的款式不一样，但是足以证明，大衣配旗袍是非常经典的搭配。只要换成现在的款式，就可以变得非常时髦。

15.4 旗袍羽绒服搭配

这个搭配是现代女性独享的。

羽绒服配旗袍

15.5　旗袍配皮草

旗袍皮草，自始至终就是完美搭配。比较推荐非常有视觉效果又很环保的"环保皮草"。

环保皮草配旗袍

15.6 旗袍配夹克衫

旗袍还可以用夹克来搭配。下半身的修身和上半身的蓬松形成对比,也很好看,并且还充满了俏皮感。性格顽皮的或者酷酷的女孩都可以尝试这种旗袍搭配。不过这种搭配中的旗袍不要太长,以体现出精干、俏皮。

黑色皮夹克配驼色旗袍　　　　　　　　　　　　　　飞行服夹克配黑色旗袍

其实可以用来搭配旗袍的外搭还有很多,比如斗篷、披风……

希望大家搭配出惊喜,找到属于自己的旗袍风格。

第 16 章 旗袍应该配什么鞋

很多女孩找我设计旗袍时,我都会拿出高跟鞋让女孩配旗袍穿,于是很多女孩小心翼翼地问:"旗袍只能配高跟鞋吗?那平时穿好累啊。"其实并不是。

16.1 玛丽珍鞋

这鞋是最经典的搭配款式,玛丽珍鞋英文名为 Mary Jane shoes。

一般来说,鞋子上有一条脚背带的圆楦头包脚高跟鞋,通称玛丽珍鞋,尤指那些低跟、圆面、脚踝搭扣绑带式的鞋子。鞋带是其设计的主要元素。如今,经时尚改良,玛丽珍鞋的色彩更丰富了,用料面也更广。

我们经常看到的玛丽珍鞋基本款式是这样的:

浓浓的复古味道，粗跟圆头，穿上也非常舒适。如果是性格温和的女孩子，可以选择这样的款式来搭配旗袍，很和谐；天冷的时候，外搭一件毛衣，乖乖女的温婉气质就显露出来了。

当然，随着时代的变化，很多鞋履品牌推出了变形的玛丽珍鞋，例如下面这款玛丽珍鞋，穿上它，气质更端正，少了娃娃气，多了一些庄重。

还有下面这几种款式的玛丽珍鞋，更适合用来搭配华丽又有设计感的旗袍。

16.2 经典高跟鞋

我们要说的是下面这种类型的高跟鞋。

黑色的高跟鞋非常经典，很经穿，百搭，在正式场合穿都不会出错。如果你不知道怎么配旗袍，买一双这样的黑色高跟鞋，绝对不会错。

白色的高跟鞋也是经典款，也很好配旗袍，但是因为白色显得脚轻，所以上身旗袍颜色最好不要太重，否则会有"头重脚轻之感"。并且如果衣服颜色很深，白色的鞋子也就难以有呼应的地方。

裸色高跟鞋的好处就是：和肤色更加接近，会显得腿长。以上颜色是经典款颜色，其他颜色也可以和旗袍的颜色呼应，但是本人还是不建议搭配过于艳丽的高跟鞋。原因如下。

第一，亚洲人的肤色黄，其实难以驾驭艳丽的色彩，除非很白皙或特别黑的女孩可以尝试艳丽的颜色，否则不但没有抓住风格，还显得不够优雅。

第二，除了特殊设计定位的款式，生活中大部分旗袍走的还是含蓄气质路线，不适合搭配过于艳丽的鞋子。

16.3 凉鞋

夏季旗袍没必要搭配包裹严实的高跟鞋,可以配凉鞋,并且还不必是后跟很高的,半高跟的也可以。

经观察发现,鞋款基本上都是鱼嘴凉鞋、细带凉鞋这样的,以半高跟为主,其实鞋跟过于高的鞋子气场显得锐利,倒不如半高跟鞋子来得舒适和优雅。但是无论怎样,鞋子的线条要优美,和腿脚的线条融为一体,这样的凉鞋穿上才更好看。

端庄风格的鞋　　　　　　　　　　一字带凉鞋

16.4 复古马蹄跟鞋

其实在20世纪二三十年代,马蹄跟鞋是非常流行的一种款式,现在马蹄跟鞋已经越来越少了,可能就是拉丁舞鞋还在沿用马蹄跟。

16.5 船鞋

如果习惯了穿平底船鞋的女子,并且有一双不需要用高跟鞋来增高的长腿,穿平底船鞋也是很好的。这时候一定会有人质疑,旗袍都配高跟鞋,怎么能配平底鞋?其实我们可以把资料再往前看,就会发现,搭配旗袍的鞋子最早就是平底绣花鞋呢。

穿平底鞋的旗袍女子

16.6 小皮鞋

如果是厚重质感的旗袍,比如棉麻毛呢料的,在天气冷的时候,是可以搭配小皮鞋的。

穿皮鞋的旗袍女子

系带复古小皮鞋

比较推荐的是复古款小皮鞋。现在的设计更加有趣和多样,鼓励大家多多尝试各种搭配。

当然,还可以穿旗袍搭配上白色软皮小皮鞋。

配旗袍的白色软皮小皮鞋

16.7 运动鞋

这个话题是大家非常疑惑的，旗袍能不能配运动鞋。穿运动鞋的时候，旗袍的款式和材质得是简单、舒适和朴素的，穿着缎面这样华丽的礼服旗袍就不适合配运动鞋。搭配旗袍的运动鞋款式应该是秀丽且轻快的。

小白鞋

运动鞋配旗袍

16.8 靴子

靴子是非常适合用来搭配呢子旗袍。不过需要注意的是，靴子得是紧腿款式的，否则易破坏腿部线条美，毕竟旗袍走的是线条美感的路线。

可以搭配旗袍的踝靴

可以搭配旗袍的紧腿长靴

第 17 章 旗袍应该配什么发型

　　20世纪30年代的上海,十里洋场,满眼金贵。所以那个时候穿旗袍,发型、鞋子、包包、配饰都是很讲究的。旗袍鼎盛时期的发型也给我们留下了深刻印象。

中分盘发

侧分盘发

现在我们在影视剧中能一览当年的旗袍盘发风貌。这么好看的、优雅的发型太复杂了,并没有成为主流发型,一般只有演出或者有专业造型师的情况下才会做一下。

荒歌的盘发旗袍造型(摄影师黄璟)

发辫配旗袍

低发髻配旗袍

PART 05　旗袍穿搭

麻花辫配旗袍

波浪发配旗袍

这些图片和现代时尚的发型还是有差距的，毕竟不是我们现在比较流行的发型。那么我就继续发挥我的手绘能力，让大家看看这些发型配上旗袍的效果吧！

卷发配旗袍

17.1 女学生短发

现在这种短发有很多变种，如BOB头、具有空气感的齐耳短发等，十分清纯，又有点干练。配浅色（如蓝色、绿色）旗袍，会显得很年轻，有女学生样。但是如果换成黑色等很酷色的旗袍，又充满了设计感，总之浓妆淡抹总相宜。

17.2 大波浪长发

充满了妩媚、温柔的大波浪，是现代性感女神的首选。

17.3 中长发

这种中长发会显出温婉成熟和活力年轻两种美感：长点的中长卷发更显成熟、性感，可以配颜色统一不花哨的旗袍；短点的波浪中长发，可以搭配色彩明快的旗袍。

17.4 超短发

现在，超短发也很流行，很多女孩担心做个酷酷的女孩就无法穿旗袍了。其实不必担忧，旗袍是载体，风格多变是特性，在旗袍设计中加入很酷的尖锐元素，有哥特感，酷感自然也就显现。

这里只说了比较典型的几款发型来配旗袍，其实各种发型都可以配旗袍，只要自己愿意多尝试，那么，同样是旗袍，穿出不一样的你，让我们传统工艺的古法手工旗袍重新焕发时尚光彩。

PART 06

旗袍款式的选择

第 18 章 亚洲人独特的线条美学

亚洲人体貌扁平,欧美人体貌立体,所以二者的制衣方式也就不同。我们讲究平裁(平面剪裁),他们讲究立裁(立体剪裁)。在看亚洲古代服饰展览时,发现所有服饰使用一根棍子挂起来,基本就是一个平面。这种剪裁方式叫作平面剪裁。

清代平裁袍服

PART 06　旗袍款式的选择

日本平裁和服

1. 领子

旗袍领子也算是文明进步的产物,让领子和肩膀在颜色上统一,这样让线条更为流畅。高领在拉长身材的同时又有尊贵的气质和距离感,随后就产生了神秘感,这是最高级别的吸引力。

高领服饰

2. 袖子

传统旗袍的袖子采用平裁,和身体部分用一片布,这样包裹出来的肩膀比较有曲线,并且和领子线条流畅成一统,让人觉得相当优美。古法平裁旗袍的突出重点是人体美,而不是服饰美,所谓道法自然,就是这样吧。所以亚洲人的肩膀很单薄,却也恰恰让旗袍的肩颈线条更加柔美。

整片剪裁旗袍的肩部形状

穿旗袍的女子显瘦显高

3. 整片布料剪裁

一整块布料的剪裁会让人变得有整体感,更拉长了比例,垂感也会更好。垂感好的话,在走动的时候旗袍会出现更多的竖向褶皱,显得人更加高挑,更显瘦。

4. 腰身

亚洲女子的腰身细长,背窄,所以在整体上看,基本上是上身略瘦下身略胖的身材。所以旗袍罩住了双腿,突出了上身的瘦,而腿又显得细长。

5. 开衩

开衩是一个神奇的存在,也是一个充满魅力的存在。犹抱琵琶半遮面,隐隐约约,很吸引人,非常显腿长,走起来摇曳生姿。

穿旗袍的亚洲人和欧美人

从上图中可以看出，旗袍一下子让亚洲女子变得苗条了很多。穿旗袍能扬长避短，让身体呈现出无与伦比的优美曲线。

第 19 章 根据性格来选择旗袍

19.1 选择旗袍的技巧

荒歌旗袍

荒歌旗袍

选择旗袍还是非常需要技巧的。虽然旗袍的大体造型区别不大，但领子、袖长、裙长、质感、花色、绲边等细节却千差万别。

根据自己的气质来选择一件属于自己的旗袍真是需要好好分析一下。很多旗袍挂在衣架上，光彩夺目，但是穿上之后却没有那么好看。这是为什么呢？

其实，选择旗袍经常会出现两个误区：

第一，旗袍很耀眼，但是穿上旗袍之后，旗袍太夺目，只见旗袍不见人。

第二，旗袍太低调，又压抑住了自己华丽的气场，变得都不是自己的气场，显得非常不精神。

真正合适的旗袍需要和自己的气质融为一体，不多不少，恰如其分地提升自己的气质和品位。

荒歌旗袍

19.2 选择旗袍的方法

首先,在选择旗袍之前,要对着镜子分析和确定一下自己是什么样的风格。

我无法通过文字为大家——分析每个人的风格,仅是根据性格大概分成四大类女性:

1)温柔温婉的女性(象征春天)

2)热情开朗的女性(象征夏天)

3)成熟稳重的女性(象征秋天)

4)高冷神秘的女性(象征冬天)

下面就是具体的分析。

1. 温柔温婉(象征春天,重感情)

温柔温婉的女士,在选择旗袍上,应该是恰到好处的温柔,不能太奔放,不能太裸露,否则会失去自己原本如水的典雅和清澈。

1)线条和质感:在旗袍的设计上,尽量追求弧度优美典雅的线条,避免过于硬朗的线条和拐角。料子选择柔软的真丝面料。

2)花色:要尽量使用柔和的颜色,不要过于艳丽,可以选择粉色、杏色、淡蓝色、淡绿色等。当然这些颜色的具体深浅也要根据个人肤色来定,脸色白的姑娘选择就多一点,脸色暗沉的姑娘尽量不要选择纯度过高的颜色。

使用暗花或者小花,放弃明艳对比强烈的大花朵,要让旗袍能融入自己那种如水润物细无声的气质中。

3)绲边和盘扣:使用简单、精致的绲边,和面料颜色不要有太大色差,追求一种柔和变化的视觉感受。尽量使用细小的盘扣,让整体感觉精致细腻,衬托女人水一般的气质。

4）长度：旗袍的裙长最好不要短于膝盖，毕竟是含蓄温婉的美女，有那个惊鸿一瞥的开衩就足矣。开衩不要太高，如果开衩太高，含蓄不足，艳俗有余，品位降低。

袖子最好不要把胳膊全部露出来，最好是包肩袖到五分袖之间，太长就太保守沉闷了（毕竟我们不是在旧社会了），太短就过于豪放不典雅了。

5）示例：

荒歌旗袍

荒歌旗袍

2. 热情开朗（象征夏天，重行动）

热情是光明，是希望。热情的人乐观开朗，即使遇到困难，也会马上振作起来，很少生闷气，不愉快的事通常会表现出来。

外向热情的女性的魅力来自热情和奔放。有人会奇怪，那怎么穿旗袍啊？旗袍不是只适合温柔女子吗？其实，这样理解太狭隘了，旗袍几乎是包容性最大的服装了，它本着"以不变应万变"的宗旨，默默地融入每一个女子的气质里。我们来看一下适合这类女生穿着的旗袍有什么特点吧：

1）线条和质感：在旗袍的设计上，尽量追求更加整体简洁的线条，可以追求设计感，但是要避免过于琐碎的线条和拐角。这样更符合这类女生的大气和前卫感。面料选择真丝面料，可以是柔软质感的，也可以是硬朗华丽的塔夫绸等。

2）花色：可以选择浓烈的颜色和夸张的花朵，因为这类女孩气场强大，完全可以 HOLD 住，也可以说代表夏天热情似火的女生是唯一能够驾驭艳丽花色的群体。

一般建议选择代表热情的暖色系。但是一定要慎重选择花朵图案，选择不好就会变成被单……所以建议大家选择不对称的超级大花图案，花朵也尽量少选择过于传统保守的造型，因为过于传统的纹样会让整个人失去活泼气质。也可以选择质地华丽，但是没有花纹的纯色面料制作旗袍，让人看上去很华丽、很整体、很精神，也不容易落俗套。但是在具体选择的时候也要看个人的审美修养，毕竟我没有办法帮大家一一挑选啊。

3）绲边和盘扣：使用简单、大气的绲边，颜色可以明艳。可以不使用盘扣，或者用简单大气的盘扣，整体看起来华丽大气，才能体现那招人喜欢的活泼大方的性格。

4）长度：对于热情奔放的女性，旗袍的裙长不宜太长，袖子也可以短到露出肩膀，不用故作含蓄，直来直去才是这类女性的本性，真性情最可爱。

5）示例：

旗袍美女广告画

3. 成熟稳重（象征秋天，务实稳重）

对于务实又踏实的女性，其特点是典雅又稳重，比温婉的女性多了一些脚踏实地，所以穿起旗袍来，最要注意的是，要稳重不轻佻，但是又不能过于沉闷。

1）线条和质感：在旗袍的设计上，尽量追求含蓄典雅的线条，避免过于变形且异形的设计，因为这类女性是完美古典派的。面料可以是亚光真丝双绉以及古典香云纱，偶尔也可以尝试朴素的丝麻和丝绵。

2）花色：柔和又成熟的颜色最好，不要过于艳丽，但是也不能过于稚嫩，选择冷色系是非常靠谱保险的。亚洲人穿蓝色、绿色都很好看，也可以根据个人气质选择暖色系。如果性格稳重，暖色系尽量不要选择过于明艳的亮黄之类的颜色，因为过于明艳的颜色会把稳重的女孩气质带偏了。

花朵的大小没有要求，但是花形还是需要更为雅致一点，兰花、忍冬、菊花等素雅的花朵都不错，大玫瑰、大牡丹什么的就需要慎重了。抽象花纹的尽量选择棱角比较柔和的图案，含蓄又不张扬。

3）绲边和盘扣：使用简单柔和的绲边，尽量使用造型稳重的盘扣，花样可以传统一点点，但是不要过于繁复，繁复的造型容易造成高龄的感觉。

4）长度：旗袍的裙长最好不要短于膝盖，但是袖子不宜过长，因为整体感觉已经很成熟了，如果袖子过长，易显得过于老气横秋。这是稳重又减龄的关键。

5）示例：

旗袍美女广告画

4. 高冷神秘（象征冬天，重智慧与沟通）

这类人爱创新，知变通，聪明伶俐，交际能力强，有较好的人缘，比较随性，学习能力强，能迅速地接受知识。但她们也有多愁善感的一部分，但是却从不表露出来。

这类女性总是给人飘逸又琢磨不透的感觉，这点也要让旗袍和女性本身的气质契合，所以，选择飘逸优雅的旗袍是最合适的：

1）线条和质感：注意选择的旗袍线条要尽量柔和，也可以多些变化，毕竟神秘的感觉是随时在变化的。柔软的真丝双绉面料以及飘逸的真丝乔其纱等都可以。

2）花色：要尽量使用薄透素雅的颜色，代表冬天的白色或者神秘的黑纱，其中有一点活泼的变化是最好的，当然这些颜色的具体深浅也要根据个人肤色来定。

可以选择大花或者花纹，但是尽量是素色的不明显的大花以及花纹，这样易显得优雅又不会太小气。

3）绲边和盘扣：这个可以随意，这类女性的包容性是很强的，很多变化都可以驾驭。

4）长度：旗袍的长短也可以随意，因为具有仙气的花色和面料就不会显得低俗，所以旗袍短一点也没有关系。但是袖子就尽量不要完全无袖，包肩短袖是最好的，太长显得闷，太短就把仙气都放跑了。

5）示例：

旗袍美女广告画

以上是我按照性格来划分了一下女性的分类，但是这只能是一个大概的参考，因为每一个女性都是独特的。大家可以根据我给出的分类来找到自己的定位，然后再根据自己的个性稍微进行调整，便一定能找到属于自己的那件旗袍。